U0367762

宁夏回族自治区农业科技自主创新资金"农业高质量发展和生态保护科技创新示范"宁夏灌区水热资源协同调控稻麦丰产增效关键技术研究与示范（NGSB-2021-13）

宁夏稻田杂草
识别与绿色防控

马洪文　孙建昌　张振海　刘　炜●著

黄河出版传媒集团
阳光出版社

图书在版编目（CIP）数据

宁夏稻田杂草识别与绿色防控 / 马洪文等著. -- 银川:阳光出版社, 2023.9
ISBN 978-7-5525-7016-8

Ⅰ.①宁… Ⅱ.①马… Ⅲ.①稻田－杂草－识别－宁夏②稻田－除草－宁夏 Ⅳ.①S451

中国国家版本馆 CIP 数据核字(2023)第 174552 号

宁夏稻田杂草识别与绿色防控　马洪文　孙建昌　张振海　刘　炜　著

责任编辑　李少敏
封面设计　赵　倩
责任印制　岳建宁

出 版 人　薛文斌
地　　址　宁夏银川市北京东路 139 号出版大厦（750001）
网　　址　http://www.ygchbs.com
网上书店　http://shop129132959.taobao.com
电子信箱　yangguangchubanshe@163.com
邮购电话　0951-5047283
经　　销　全国新华书店
印刷装订　宁夏凤鸣彩印广告有限公司
印刷委托书号　（宁)0027452

开　　本　787 mm×1092 mm　1/16
印　　张　21.5
字　　数　360 千字
版　　次　2023 年 9 月第 1 版
印　　次　2023 年 9 月第 1 次印刷
书　　号　ISBN 978-7-5525-7016-8
定　　价　88.00 元

版权所有　翻印必究

前　言

　　水稻是我国最重要的粮食作物之一，对保障国家粮食安全具有重要意义。水稻也是宁夏引黄灌区具有区域优势的农作物。近年来，水稻直播栽培由于具有机械化程度高、劳动生产率高、生产成本低等特点，备受广大农民的青睐，已成为宁夏水稻栽培的主要方式。

　　在水稻直播栽培过程中，稻田杂草防除是影响水稻生产的关键因素。稻田杂草与水稻竞争光照、养分、水分和生存空间等资源，造成水稻产量和品质下降，稻田杂草的有效防控，对保证水稻的产量和品质具有重要意义。在稻田杂草防控中，化学除草是应用最广泛的一种方式，由于具有操作简便、防除效果好、省时省力等特点，已成为当前稻田杂草防除的主要措施。但除草剂使用不当，会对水稻产生危害，过量使用还容易造成土壤和水资源的污染，同时增加生产成本，减少种植收益。

　　宁夏水稻种植多种形式并存，不同稻田环境下杂草群落存在较大差异，要有效防治杂草，首先要能正确识别杂草，只有这样才能选择适宜的除草剂品种，做到有的放矢，但基层农技人员及种植农户准确识别杂草难度较大，对除草药剂特性了解较少，这给稻田杂草的及时、有效、经济防除带来了困难。笔者对宁夏稻田及其周边杂草进行了调查，并拍摄了照片。本书杂草分类主要参考《中国植物志》等资料，书中详细介绍了杂草的形态特征和生态习性，有助于准确识别杂草。本书还介绍了水稻绿色生产中常用除草剂的特点，针对水稻不同种植方式的特点提出了杂草防除技术方案。

　　本书是宁夏回族自治区农业科技自主创新资金 "农业高质量发展和生态保护科技创新示范"——宁夏灌区水热资源协同调控稻麦丰产增效关键技术研究与示范（NGSB-2021-13）中直播稻田杂草防除与示范项目的研究成果。本书仅供读者在农业生产中参考。此外，稻田杂草的发生受多种因素综合影响，除草剂品种应根据实际条件选择。由于作者水平有限，书中疏漏和错误在所难免，还望读者不吝指正。

目 录
CONTENTS

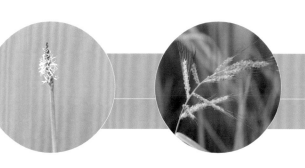

第一章 宁夏稻田杂草的种类

宁夏水稻种植方式包括插秧、保墒旱直播、旱直播、撒播等，不同种植方式下稻田生态环境存在较大的差异，从而造成稻田杂草的多样性。稻田杂草常见的有禾本科杂草、莎草科杂草，水稻保墒旱直播前期还有阔叶类杂草等。对杂草进行分类是杂草识别的基础，而杂草识别又是杂草生物学、生态学研究，特别是防除和控制的重要基础。

根据形态特征，杂草大致可分为三大类。该分类方法虽然粗糙，但在杂草的化学防除中具有重要意义。许多除草剂的选择性就是由杂草的形态特征差异导致的。

（1）禾本科杂草：茎圆或略扁，节和节间的区别明显，节间中空，叶鞘开张，常有叶舌，胚具有1子叶，叶片狭窄而长，具平行叶脉，无叶柄。

（2）莎草科杂草：茎三棱形或扁三棱形，节与节间的区别不明显，茎通常实心，叶鞘不开张，无叶舌，胚具有1子叶，叶片狭窄而长，具平行叶脉，无叶柄。

（3）阔叶类杂草：包括所有的双子叶杂草及部分单子叶杂草，茎圆或四棱形，叶片宽阔，具网状叶脉，有叶柄，胚常具有2子叶。

第一节 禾本科杂草

禾本科约有700属，近10 000种，是单子叶植物的第二大科，分布广泛，能适应各种不同类型的生态环境，凡是地球上有种子植物生长的场所皆有其踪迹。禾本科在中国各省区均有分布，除引种的外来种不计外，禾本科在中国有 200 余属、1 500 种以上，可归属于 7 亚科、45 族。

一、稗属

稗属为一年生或多年生草本，约有 30 种，分布于热带和温带地区。中国有光头稗、孔雀稗、长芒稗、湖南稗子、硬稃稗、水田稗、紫穗稗、旱稗、稗等 9 种，小旱稗、短芒稗、细叶旱稗、西来稗、无芒稗等 5 变种。宁夏主要有稗、旱稗、水田稗、无芒稗、小旱稗、西来稗、孔雀稗等种和变种，危害最重的是无芒稗、旱稗。稗属大都为田间杂草，有的为优良牧草，其颖果含淀粉，尤其是栽培种，可食用或作为制糖及酿酒的原料。

1. 稗

【形态特征】

茎：株高 50~150 cm，光滑无毛，基部倾斜或膝曲。

叶：叶鞘疏松裹秆，平滑无毛，下部者长于节间而上部者短于节间，叶舌缺；叶片扁平，线形，长 10~40 cm，宽 5~20 mm，无毛，边缘粗糙。

花：圆锥花序直立，近尖塔形，长 6~20 cm；主轴具棱，粗糙或具疣基长刺毛，分枝斜上举或贴向主轴，有时再分小枝；穗轴粗糙或生疣基长刺毛；小穗卵形，长 3~4 mm，脉上密被疣基刺毛，具短柄或近无柄，密集在穗轴的一侧。

【生态习性】

生物学特性：一年生草本。花果期 7—9 月。种子繁殖。

稗萌发温度范围较宽，起点温度较低，为 13 ℃，最适温度为 20~25 ℃，30~40 ℃仍可萌发。稗的发芽势与气温关系密切，低于 15 ℃，浸水 5~7 d 方可萌发，15 d 左右方能达到最高发芽率；20~25 ℃时，浸水当天即开始萌发，1~3 d 即达到最高发芽率。稗的萌发以土壤含水量 40% 为好，土壤较干或水层较深均会抑制萌发，一般水层 5 cm 以上即较难出苗。稗的子叶不出土，可以在土壤深层萌发，但仍以土壤表层 1~2 cm 萌发最适，5 cm 以下虽能萌发，但长势很差，10 cm 以下很难萌发。稗属 C_4 植物，具有较强的生长势，在出苗初期生长速度受气温及水温的制约，每长 1 片叶需积温约 85 ℃。稗的种子寿命较长，在室温下干燥贮存可达 8 年，埋在淹水的土中可达 6 年。

分布：几乎遍布中国。全世界温暖地区均有分布，是一种世界性的恶性杂草。

生境：喜温暖、潮湿环境，适应性强，为水稻田危害最严重的恶性杂草。

稗

2. 无芒稗（变种）

【形态特征】

茎：株高 50~120 cm，成株秆绿色或基部带紫红色，直立，粗壮。

叶：叶片长 20~30 cm，宽 6~12 mm。

花：圆锥花序直立，长 10~20 cm，分枝斜上举而开展，常再分枝；小穗卵状椭圆形，无芒或具极短芒，芒长常不超过 0.5 mm。

【生态习性】

生物学特性：一年生草本。花果期 6—8 月。种子繁殖。

分布：中国分布于东北、华北、西北、华东、西南及华南地区。全世界温暖地区均有分布。

生境：多生于水边或路边草地上，为水稻田恶性杂草。

无芒稗（变种）

3. 旱稗

【形态特征】

茎：株高 40~90 cm。

叶：叶鞘平滑无毛，叶舌缺；叶片扁平，线形，长 10~30 cm，宽 6~12 mm。

花：圆锥花序狭窄，长 5~15 cm，宽 1~1.5 cm，分枝上不具小枝，有时中部轮生；小穗卵状圆形，长 4~6 mm，芒长 0.5~1.5 cm。

【生态习性】

生物学特性：一年生草本。花果期 7—9 月。种子繁殖。

分布：几乎遍布中国。全世界温暖地区均有分布。

生境：多生于沼泽地、沟边及水稻田。

旱稗

4. 水田稗

【别称】水稗。

【形态特征】

茎：株高 1 m 左右，直径达 8 mm，秆粗壮，直立。

叶：叶鞘及叶片均光滑无毛，叶片扁平，线形，长 10~30 cm，宽 1~1.5 cm。

花：圆锥花序长 8~15 cm，宽 1.5~3 cm，分枝常不具小枝；小穗卵状椭圆形，长 3.5~5 mm，通常无芒或具长不超过 0.5 cm 的短芒。

【生态习性】

生物学特性：一年生草本。花果期7—8月。种子繁殖。

分布：中国分布于南北各地。朝鲜、日本、俄罗斯高加索地区，中亚、东南亚有分布。

生境：为水稻伴生杂草，在各种类型的稻田中均有分布，对水稻的危害较严重。

水田稗

5. 小旱稗（变种）

【形态特征】

茎：株高60~80 cm。

叶：叶片宽2~5 mm。

花：圆锥花序较狭窄而细弱；小穗长3~7.5 mm，常带紫色，脉上无疣基毛，但疏被硬刺毛，无芒或具短芒。

【生态习性】

生物学特性：一年生草本。花果期7—9月。种子繁殖。

分布：中国分布于华东、华中地区。

生境：多生于沟边或草地，常为秋熟旱作物地杂草，危害常较严重。

小旱稗（变种）

6. 西来稗（变种）

【形态特征】

茎：株高 50~75 cm，直立或斜升。

叶：叶片披针状线形至狭线形，叶缘变厚而粗糙，长 15~30 mm，宽 5~12 mm。

花：圆锥花序直立，长 11~19 cm，分枝上不再分枝；小穗卵状椭圆形，顶端具小尖头而无芒，脉上无疣基毛，但疏生硬刺毛。

【生态习性】

生物学特性：一年生草本。花果期 7—9 月。种子繁殖。

分布：中国分布于华北、华东、西北、华南及西南地区。

生境：多生于水边或水稻田。

西来稗（变种）

7. 孔雀稗

【形态特征】

茎：株高 120~180 cm，秆粗壮，基部倾斜而节上生根。

叶：叶鞘疏松裹秆，光滑无毛，叶舌缺；叶片扁平，线形，长 10~40 cm，宽 1~1.5 cm，两面无毛，边缘增厚而粗糙。

花：圆锥花序下垂，长 15~25 cm，分枝上再具小枝；小穗卵状披针形，长 2~2.5 mm，带紫色，脉上无疣基毛。

果：颖果椭圆形，长约 2 mm；胚长为颖果的 2/3。

【生态习性】

生物学特性：一年生草本。花果期 7—9 月。种子繁殖。

分布：中国分布于河南、安徽、江苏、湖南、福建、广东、海南等省区。热带地区有分布。

生境：多生于沼泽地或水沟边。

孔雀稗

8. 长芒稗

【形态特征】

茎：株高 80~100 cm，直立。

叶：叶鞘无毛或常有疣基毛（或毛脱落仅留疣基），或仅有粗糙毛，或仅边缘有毛，叶舌缺；叶片线形，长 10~40 cm，宽 1~2 cm，两面无毛，边缘增厚而粗糙。

花：圆锥花序稍下垂，长 10~25 cm，宽 1.5~4 cm；主轴粗糙，具棱，疏被疣基长毛，分枝密集，常再分小枝；小穗卵状椭圆形，常带紫色，长 3~4 mm，脉上具硬刺毛，有时疏生疣基毛。

【生态习性】

生物学特性：一年生草本。花果期7—9月。种子繁殖。

分布：中国分布于黑龙江、吉林、内蒙古、河北、山西、新疆、安徽、江苏、浙江、江西、湖南、四川、贵州及云南等省区。日本、朝鲜、俄罗斯有分布。

生境：多生于田边、路旁及河边。

长芒稗

9. 湖南稗子

【形态特征】

茎：株高100~150 cm，直径5~10 mm。

叶：叶鞘光滑无毛，大都短于节间，叶舌缺；叶片扁平，线形，长15~40 cm，宽10~24 mm，质较柔软，无毛，先端渐尖，边缘变厚或呈波状。

花：圆锥花序直立，长 10~20 cm；主轴粗壮，具棱，棱边粗糙，具疣基长刺毛，分枝微弓状弯曲；小穗卵状椭圆形或椭圆形，长 3~5 mm，绿白色，无疣基毛或疏被硬刺毛，无芒。

【生态习性】

生物学特性：一年生草本。花果期 8—9 月。种子繁殖。

分布：广泛栽培于亚洲热带及非洲温暖地区，中国河南、安徽、台湾、四川、广西、云南等地引种栽培，作为优良饲料或粮食。

湖南稗子

二、芦苇属

芦苇属为多年生苇状沼生草本，具发达的根茎。本属有 10 余种，分布于大洋洲、非洲、亚洲。中国有 3 种。

芦苇

【形态特征】

茎：株高 1~3 m，直径 1~4 cm，具 20 多节，最长节间位于下部第 4~6 节，长 20~40 cm，节下被蜡粉。

叶：叶鞘下部者短于上部者，长于节间；叶舌边缘密生一圈长约 1 mm 的纤毛，两侧缘毛长 3~5 mm，易脱落；叶片长 30 cm，宽 2 cm。

花：圆锥花序长 20~40 cm，宽约 10 cm；分枝多数，长 5~20 cm，着生稠密且下垂的小穗。

果：颖果长约 1.5 mm。

【生态习性】

生物学特性：多年生高大草本。4—5 月长苗，8—9 月开花。以种子、根茎繁殖，常与荻混合生长形成大片芦苇荡。

分布：中国分布于南北各地。全世界广泛分布。

生境：常生于湿地、浅滩、盐碱地，为水稻田及旱田杂草，在北方低洼农田发生普遍，局部地区尤以新垦农田危害较重。

芦苇

三、马唐属

马唐属为一年生或多年生草本，有 300 余种。本属大多具柔嫩、繁茂的叶片，为富有营养的饲料植物，分布于热带、亚热带、温带地区。中国有 24 种。

1. 马唐

【别称】蹲倒驴。

【形态特征】

茎：株高 10~80 cm，直径 2~3 mm，无毛或节上生柔毛。

叶：叶鞘短于节间，无毛或散生疣基柔毛；叶舌长 1~3 mm；叶片线状披针形，长 5~15 cm，宽 4~12 mm，基部圆形，边缘较厚，微粗糙，具柔毛或无毛。

花：总状花序长 5~18 cm，4~12 个呈指状着生于长 1~2 cm 的主轴上；穗轴直伸或开展，两侧具宽翼，边缘粗糙。

【生态习性】

生物学特性：一年生草本。苗期 5—6 月，花果期 6—9 月。种子繁殖，边成熟边脱落，繁殖力甚强。

分布：中国分布于西藏、四川、新疆、陕西、甘肃、山西、河北、河南及安徽等省区。温带和亚热带山地广泛分布。

生境：生于路旁、田野，既是优良牧草，又是危害农田、果园的杂草。

马唐

2. 止血马唐

【形态特征】

茎：株高 15~40 cm，下部常有毛。

叶：叶鞘具脊，无毛或疏生柔毛；叶舌长约 0.6 mm；叶片扁平，线状披针形，长 5~12 cm，宽 4~8 mm，顶端渐尖，基部近圆形，多少生长柔毛。

花：总状花序长 2~9 cm，具白色中肋，两侧翼缘粗糙；小穗长 2~2.2 mm，宽约 1 mm，2~3 个着生于各节。

【生态习性】

生物学特性：一年生草本。花果期 6—9 月。种子繁殖。

分布：中国分布于黑龙江、吉林、辽宁、内蒙古、甘肃、新疆、西藏、陕西、山西、河北、四川及台湾等省区。欧洲、亚洲、北美洲温带地区广泛分布。

生境：喜生于河边、田边和荒野湿地，危害一般。

止血马唐

3. 毛马唐

【形态特征】

茎：株高 30~100 cm，秆基部倾卧，着土后节易生根，具分枝。

叶：叶鞘多短于节间，常具柔毛；叶舌膜质，长 1~2 mm；叶片线状披针形，两面多少生柔毛，边缘微粗糙。

花：总状花序 4~10 个，长 5~12 cm，呈指状排列于秆顶；穗轴宽约 1 mm，中肋白色，两侧之绿色翼缘粗糙；小穗披针形，孪生于穗轴一侧。

【生态习性】

生物学特性：一年生草本。花果期 6—9 月。种子繁殖。

分布：中国分布于中南部、东部和西南部。亚洲、大洋洲和美洲热带地区有

毛马唐

分布。

生境：适应性强，能与其他杂草混生，耐干旱，生于旱作物地、果园、水田边、路旁，较常见，危害较重。

4. 紫马唐

【形态特征】

茎：株高 20~60 cm，基部倾斜，具分枝，无毛。

叶：叶鞘短于节间，无毛或生柔毛；叶舌长 1~2 mm；叶片线状披针形，质地较软，扁平，粗糙，基部圆形，无毛或鞘口生柔毛。

花：总状花序长 5~10 cm，4~10 个呈指状排列于茎顶或散生于长 2~4 cm 的主轴上；穗轴宽 0.5~0.8 mm，边缘微粗糙；小穗椭圆形，2~3 个生于各节。

紫马唐

【生态习性】

生物学特性：一年生草本。花果期7—9月。种子繁殖。

分布：中国分布于中南部、东部和西南部。亚洲、大洋洲和美洲热带地区有分布。

生境：适应性强，能与其他杂草混生，耐干旱，生于旱作物地、果园、水田边、路旁，危害较重。

四、隐花草属

隐花草属为一年生草本，有12种，分布于东半球温带地区。中国只有隐花草和蔺状隐花草2种，产于北部。

蔺状隐花草

【形态特征】

茎：株高5~17 cm，秆向上斜升或平卧，平滑，常有分枝，有3~5节。

叶：叶鞘常短于节间，疏松而多少肿胀，平滑；叶舌短小；叶片上面被微毛或

蔺状隐花草

柔毛，下面无毛或具稀疏柔毛，先端常内卷呈针刺状。

花：圆锥花序紧缩成穗状、圆柱形或长圆形，其下托以膨大的苞片状叶鞘；小穗淡绿色或紫红色。

果：囊果小，椭圆形。

【生态习性】

生物学特性：一年生草本，须根细弱。花果期6—9月。种子繁殖。

分布：中国分布于内蒙古、新疆、山西、河北及江苏北部等地。地中海地区、亚洲北部、北美洲东部有分布。

生境：多生于沙质土壤及路边草地。

五、狗尾草属

狗尾草属为一年生或多年生草本，约有130种，广泛分布于温带、暖温带地区，甚至可分布至北极圈内，多数产于非洲。中国有15种、3亚种、5变种。

1. 狗尾草

【形态特征】

茎：株高10~100 cm，秆直立或基部膝曲，基部直径达3~7 mm。

叶：叶鞘松散，无毛或疏具柔毛或疣毛，边缘具较长的密绵毛状纤毛；叶舌极短；叶片扁平，长三角状狭披针形或线状披针形，先端长渐尖或渐尖，基部钝圆形，几呈截形或渐窄，通常无毛或疏被疣毛，边缘粗糙。

花：圆锥花序紧密，圆柱形或基部稍疏离，直立或稍弯垂；主轴被较长柔毛，通常绿色、褐黄色、紫红色或紫色；小穗2~5个簇生于主轴上或更多的小穗着生在短小枝上，椭圆形，先端钝，铅绿色。

果：颖果灰白色。

【生态习性】

生物学特性：一年生草本。花果期6—9月。种子繁殖。

分布：中国分布于南北各地。原产于欧亚大陆温带和暖温带地区，现广泛分布于温带和亚热带地区。

生境：多生于荒野、路边，为秋熟旱作物地主要杂草之一。

狗尾草

2. 金色狗尾草

【**别称**】恍莠莠、硬秸狗尾草。

【**形态特征**】

茎：株高 20~90 cm，秆直立或基部倾斜膝曲，近地面节可生根，光滑无毛，仅花序下面稍粗糙。

叶：叶鞘下部压扁具脊，上部圆形，光滑无毛，边缘薄膜质，光滑无纤毛；叶舌具一圈长约 1 mm 的纤毛；叶片线状披针形或狭披针形，先端长渐尖，基部钝圆，上面粗糙，下面光滑，近基部疏生长柔毛。

花：圆锥花序紧密，圆柱形或狭圆锥形，直立；主轴具短细柔毛，刚毛金黄色或稍带褐色，粗糙，先端尖，通常一簇中仅具一个发育的小穗。

【**生态习性**】

生物学特性：一年生草本。花果期 6—10 月。种子繁殖。

分布：中国分布于南北各地。原产于欧亚大陆温带和暖温带地区，现广泛分布于温带和亚热带地区。

生境：生于田边、路旁、荒芜的园地及荒野，为旱作物地常见杂草。

金色狗尾草

3. 断穗狗尾草

【形态特征】

茎：株高 20~100 cm，秆细，微膝曲斜向上升，光滑无毛。

叶：叶鞘松散，基部叶鞘具较细疣毛，枯萎后呈橘黄色，薄纸质，上部叶鞘除鞘口和边缘具长约 1.5 mm 的细纤毛外，其余均无毛；叶片薄，狭长披针形，先端长渐尖，基部宽圆形，主脉粗，脊状，两面无毛，稍粗糙。

花：圆锥花序紧密，圆柱形，主轴密被长柔毛，或无毛，下部分枝常稍疏离；小穗狭椭圆形，托以 1~4 根或更多的细弱刚毛，上举或稍斜展。

果：颖果狭椭圆形。

【生态习性】

生物学特性：一年生草本。花果期 7—9 月。种子繁殖。

分布：中国分布于内蒙古和山西等省区。

生境：生于海拔 1 000~1 300 m 的沙丘阳坡。

断穗狗尾草

六、虎尾草属

虎尾草属为一年生或多年生草本，约有 50 种，分布于热带至温带，美洲的种类最多。中国产 4 种，引种 1 种，共 5 种。

虎尾草

【形态特征】

茎：株高 12~75 cm，秆无毛，直立或基部膝曲，直径 1~4 mm。

叶：叶鞘松散包秆，无毛；叶舌长约 1 mm，无毛或具纤毛；叶片线形，长

3~25 cm，宽 3~6 mm，两面无毛或边缘及上面粗糙。

花：穗状花序 5~10 个，长 1.5~5 cm；小穗成熟后紫色，无柄。

果：颖果淡黄色，纺锤形，无毛，半透明。

【生态习性】

生物学特性：一年生草本。花期 6—7 月，果期 7—9 月。种子繁殖。

分布：遍布中国。热带至温带地区有分布。

生境：生于向阳地，以沙质地更多见，常见于农田、荒地、路旁等，主要危害旱作物。

虎尾草

七、狼尾草属

狼尾草属为一年生或多年生草本，约有 140 种，主要分布于热带、亚热带地区，非洲为本属分布中心。中国有 11 种、2 变种(包括引种栽培)。

狼尾草

【形态特征】

茎：秆直立，丛生。

叶：叶鞘光滑，两侧压扁，主脉脊状，秆上部者长于节间；叶舌具纤毛；叶片线形，先端长渐尖。

花：圆锥花序直立，刚毛状小枝常紫色；小穗通常单生，偶双生，线状披针形。

果：颖果长圆形。

【生态习性】

生物学特性：多年生草本。花果期 7—9 月。以地下芽和种子繁殖。

狼尾草

分布：中国分布于东北、华北、华东、中南及西南地区。日本、印度、朝鲜、缅甸、巴基斯坦、越南、菲律宾、马来西亚，大洋洲及非洲有分布。

生境：多生于田边、荒地、路边及小山坡上，为路埂常见杂草，发生量较大，危害较重。

八、画眉草属

画眉草属为多年生或一年生草本，约有 300 种，多分布于热带与温带地区。中国连同引种共有 29 种、1 变种，分布于南北各地。

大画眉草

【形态特征】

茎：株高 30~90 cm，秆粗壮，直径 3~5 mm，直立，丛生，基部常膝曲，具 3~5 节，节下有一圈明显的腺体。

叶：叶鞘疏松裹秆，脉上有腺体，鞘口具长柔毛；叶舌为一圈成束的短毛，长

大画眉草

约 0.5 mm；叶片线形，伸展，长 6~20 cm，宽 2~6 mm，无毛，叶脉与叶缘均有腺体。

花：圆锥花序长圆形或尖塔形，长 5~20 cm；分枝粗壮，单生，上举，腋间具柔毛，小枝和刁穗柄上均有腺体；小穗长圆形或卵状长圆形，墨绿色带淡绿色或黄褐色，有 10~40 朵小花，小穗除单生外，常密集簇生。

果：颖果近圆形，直径约 0.7 mm。

【生态习性】

生物学特性：一年生草本。花果期 7—10 月。

分布：中国分布于南北各地。热带和温带地区有分布。

生境：生于荒芜草地上。

九、獐毛属

獐毛属为多年生低矮草本，有 20 余种，分布于地中海地区、喜马拉雅地区和亚洲。中国有 4 种、1 变种。

小獐毛

【形态特征】

茎：株高 5~25 cm，花序以下粗糙或被毛，基部密生鳞叶，多分枝。

叶：叶鞘多聚于秆基部，无毛；叶舌短，具一圈纤毛；叶片窄线形，质硬，先端尖，扁平或内卷，无毛。

花：圆锥花序穗状，长 2~7 cm，分枝单生，彼此疏离；小穗长 2~4 mm，具 4~8 朵小花，排成 2 行。

【生态习性】

生物学特性：花果期 5—8 月。

分布：中国产于甘肃及新疆。欧洲、中亚，伊朗、印度等地有分布。

生境：生于盐碱地及沙地。

小獐毛

十、棒头草属

棒头草属为一年生草本，有 6 种，分布于热带和温带地区。中国有 3 种。

1. 棒头草

【形态特征】

茎：株高 10~75 cm，秆丛生，基部膝曲，大都光滑。

叶：叶鞘光滑无毛，大都短于或下部者长于节间；叶舌膜质，长圆形，长 3~8 mm，常 2 裂或顶端具不整齐的裂齿；叶片扁平，微粗糙或下面光滑，长 2.5~15 cm，宽 3~4 mm。

花：圆锥花序穗状，长圆形或卵形，较疏松，具缺刻或有间断，分枝长可达 4 cm；小穗灰绿色或部分带紫色。

果：颖果椭圆形，一面扁平，长约 1 mm。

【生态习性】

生物学特性：一年生草本。花果期 4—9 月。

分布：中国分布于南北各地。朝鲜、日本、俄罗斯、印度、不丹及缅甸等国有分布。

生境：生于海拔 100~3 600 m 的山坡、田边、潮湿处。

棒头草

2. 长芒棒头草

【形态特征】

茎：株高 8~60 cm，无毛，具 4~5 节。

叶：叶鞘松散，短于或下部者长于节间；叶舌长 2~8 mm，撕裂状；叶片长 2~13 cm，宽 2~9 mm，上面和边缘粗糙，下面较光滑。

花：圆锥花序穗状，长 1~10 cm，宽 0.5~3 cm；小穗淡灰绿色，成熟后枯黄色。

【生态习性】

生物学特性：一年生草本。花果期 4—6 月。种子繁殖。

分布：中国分布于南北各地。热带、温带地区广泛分布。

生境：喜潮湿环境，为夏熟作物田杂草，低洼田块发生量常较大。

长芒棒头草

十一、拂子茅属

拂子茅属为多年生粗壮草本，有 15 种，多分布于东半球温带地区。中国有 6 种、4 变种。

1. 假苇拂子茅

【别称】假苇子。

【形态特征】

茎：株高 0.4~1 m，秆直立，直径 1.5~4 mm。

叶：叶鞘短于或有时下部者长于节间，无毛或稍粗糙；叶舌膜质，长 4~9 mm，长圆形，易撕裂；叶片扁平或内卷，长 10~30 cm，宽 1.5~5 mm，上面及边缘粗糙，下面平滑。

花：圆锥花序开展，长圆状披针形；分枝簇生，直立，细弱，稍粗糙；小穗长 5~7 mm，草黄色或紫色。

【生态习性】

生物学特性：多年生草本。花果期 7—9 月。以根茎和种子繁殖。

分布：中国分布于东北、华北、西北以及四川、云南等地。欧亚大陆温带地区有分布。

生境：多生于山坡草地或阴湿处、沟渠边等，危害轻。

假苇拂子茅

2. 拂子茅

【别称】林中拂子茅、密花拂子茅。

【形态特征】

茎：株高 45~100 cm，秆直立，平滑无毛或花序下稍粗糙，直径 2~3 mm。

叶：叶鞘平滑或稍粗糙，短于或基部者长于节间；叶舌膜质，长 5~9 mm，长圆形，先端易破裂；叶片长 15~27 cm，宽 4~8 mm，扁平或边缘内卷，上面及边缘粗糙，下面较平滑。

花：圆锥花序紧密，圆筒形，劲直、具间断，长 10~25 cm，中部直径 1.5~4 cm；分枝粗糙，直立或斜向上升；小穗长 5~7 mm，淡绿色或带淡紫色。

【生态习性】

生物学特性：多年生粗壮草本。花果期 5—9 月。以根茎和种子繁殖。

分布：遍布中国。欧亚大陆温带地区有分布。

生境：生于潮湿地及河岸、沟渠边，耐盐碱，耐潮湿，为路埂一般性杂草。

拂子茅

3. 大拂子茅

【别称】 硬拂子茅、刺秸拂子茅。

【形态特征】

茎：株高 90~120 cm，具根茎；秆直立，较粗壮，具 4~5 节。

叶：叶鞘平滑无毛，长于或上部者短于节间；叶舌纸质或厚膜质，长 5~12 mm，顶端易破裂；叶片长 15~40 cm，宽 5~9 mm，扁平或边缘内卷，上面和边缘稍粗糙，下面平滑。

花：圆锥花序紧密，披针形，有间断，长 20~25 cm，宽 3~4.5 cm；分枝直立，粗糙，长 1~3 cm，自基部密生小穗；小穗淡绿色，成熟时带紫色或草黄色。

【生态习性】

生物学特性：多年生草本。花期 7—9 月。

分布：中国分布于黑龙江、吉林、内蒙古、新疆、青海、山西、河北等省区。中亚有分布。

生境：生于海拔 160~3 200 m 的山坡草地、沙丘及荒地。

大拂子茅

十二、赖草属

赖草属为多年生草本，具横走和直伸根茎，有 30 余种，多数种类产于亚洲中部、欧洲和北美洲。中国产 9 种。

赖草

【形态特征】

茎：株高 0.4~1 m，花序下部密被柔毛，具 3~5 节。

叶：叶鞘无毛或幼时上部具纤毛；叶片平展或干时内卷，长 8~30 cm，宽 4~7 mm，上面及边缘粗糙或被柔毛，下面无毛或微粗糙。

花：穗状花序直立，灰绿色；穗轴被短柔毛，节与边缘被长柔毛。

【生态习性】

生物学特性：多年生草本，具下伸根茎。花果期 6—10 月。以根茎和种子繁殖。

分布：中国分布于新疆、甘肃、青海、陕西、四川、内蒙古、河北、山西、辽

赖草

宁、黑龙江、吉林等省区。俄罗斯、朝鲜、日本有分布。

　　生境：生境范围较广，多生于沙地、平原绿洲及山地草原带。

十三、菰属

　　菰属为一年生或多年生水生草本，有时具匍匐根茎，共 4 种，1 种为广布种，主产于东亚，其余产自北美洲。中国产 1 种，近年来从北美洲引种栽培 2 种。

菰

【别称】高笋、菰笋、菰首、茭首、菰菜、茭白、野茭白。

【形态特征】

　　茎：株高 1~2 m，直径约 1 cm，具多节，基部节上生不定根。

　　叶：叶鞘长于节间，肥厚，有小横脉；叶舌膜质，长约 1.5 cm，顶端尖；叶片长 50~90 cm，宽 1.5~3 cm。

　　花：圆锥花序长 30~50 cm，分枝多数簇生，上升，果期开展。

　　果：颖果圆柱形，长约 1.2 cm。

【生态习性】

生物学特性：多年生草本。花果期 7—9 月。以根茎和种子繁殖。

分布：中国各地均有栽培或野生。俄罗斯西伯利亚地区及日本有分布。

生境：喜湿润环境，常生于湖沼、水塘内，为水田常见杂草，发生量较大，危害较重。

菰

十四、披碱草属

披碱草属为多年生丛生草本，有 40 种以上，东亚与北美洲各占一半，仅少数种类分布至欧洲。中国现有 12 种、1 变种。

1. 披碱草

【形态特征】

茎：株高 0.7~1.4 m，秆丛生，直立，基部膝曲。

叶：叶鞘光滑无毛；叶片扁平，稀内卷，上面粗糙，下面光滑，有时呈粉绿色。

花：穗状花序较紧密，直立，长 14~18 cm，宽 0.5~1 cm，穗轴边缘具小纤毛；小穗绿色，成熟后草黄色，具 3~5 朵小花。

【生态习性】

生物学特性：多年生草本。花果期 7—9 月。

分布：中国分布于辽宁、黑龙江、吉林、内蒙古、河北、河南、山西、陕西、青海、四川、新疆、西藏等省区。俄罗斯、朝鲜、日本、印度西北部、土耳其东部有分布。

生境：多生于山坡草地或路边、沟渠边等，为一般性杂草，危害轻。

披碱草

2. 圆柱披碱草

【形态特征】

茎：株高 40~80 cm，秆细弱。

叶：叶鞘无毛；叶片扁平，干后内卷，长 5~12 cm，宽约 5 mm，上面粗糙，下面平滑。

花：穗状花序直立，穗轴边缘具小纤毛；小穗绿色或带紫色；颖披针形至线状披针形，具 3~5 条脉，脉明显而粗糙，先端渐尖或具短芒。

【生态习性】

生物学特性：多年生草本。花果期 7—9 月。

分布：中国分布于内蒙古、河北、四川、青海、新疆等省区。

生境：多生于山坡或路旁草地。

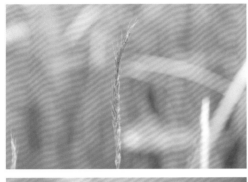

圆柱披碱草

十五、穇属

穇属为一年生或多年生草本，有 9 种，全部产于热带和温带地区。中国有 2 种。

牛筋草

【别称】蟋蟀草。

【形态特征】

茎：株高 10~90 cm，秆丛生，基部倾斜。

叶：叶鞘两侧压扁而具脊，松散；叶舌长约 1 mm；叶片平展，线形，无毛或上面被疣基柔毛。

花：穗状花序 2~7 个指状着生于秆顶，稀单生；小穗具 3~6 朵小花。

果：囊果卵圆形，长约 1.5 mm，基部下凹，具波状皱纹。

【生态习性】

生物学特性：一年生草本。苗期 4—5 月，花果期 6—10 月。种子繁殖。

分布：中国分布于南北各地。温带和热带地区有分布。

生境：多生于荒芜之地、田间、路旁，为秋熟旱作物地危害较重的恶性杂草。

牛筋草

十六、茵草属

茵草属为一年生草本，有 2 种及 1 变种，广泛分布于温寒带。中国有 1 种及 1 变种。

茵草

【形态特征】

茎：株高 15~90 cm，秆直立，具 2~4 节。

叶：叶鞘无毛，多长于节间；叶舌长 3~8 mm，膜质；叶片长 5~20 cm，宽 0.3~1 cm，粗糙或下面平滑。

茵草

花：圆锥花序长 10~30 cm，分枝稀疏，直立或斜升；小穗扁平，圆形，灰绿色，常具 1 朵小花。

果：颖果黄褐色，长圆形，长约 1.5 mm，顶端具丛生毛。

【生态习性】

生物学特性：·年生草本。花果期 6—10 月。

分布：中国分布于南北各地。全世界广泛分布。

生境：生于海拔 3 700 m 以下湿地、水沟边及浅的流水中。

十七、冰草属

冰草属为多年生草本，有 15 种，大都分布于欧亚大陆温寒带。中国现有 5 种、4 变种及 1 变型。

冰草

【形态特征】

茎：株高 15~75 cm，秆丛生，上部被柔毛。

冰草

叶：叶鞘粗糙或边缘微具毛；叶片内卷，长 4~20 cm，宽 2~5 mm，上面叶脉隆起并密被小硬毛。

花：穗状花序长圆形或两端稍窄，穗轴节间长 0.5~1 mm；小穗紧密排成 2 行，篦齿状，具 3~7 朵小花。

【生态习性】

生物学特性：多年生草本。花果期 7—9 月。夏秋季抽穗，以根茎和种子繁殖。

分布：中国分布于东北、华北以及甘肃、青海、新疆等地。俄罗斯、蒙古，北美洲有分布。

生境：生于干燥草地、山坡、沙地、路旁、沟渠边等，耐干旱，田间尚未见，危害轻。

十八、芒属

芒属为多年生高大草本，约有 10 种，主要分布于亚洲，非洲也有少数种类。中国有 6 种。

荻

【形态特征】

茎：株高 1~1.5 m，秆直立，直径约 5 mm，具 10 多节，节上生柔毛。

叶：叶鞘无毛，长于或上部者稍短于节间；叶舌短，具纤毛；叶片扁平，宽线形。

花：圆锥花序疏展，伞房状；主轴无毛，具 10~20 根较细弱的分枝；小穗柄顶端稍膨大，基部腋间常生有柔毛；小穗线状披针形，成熟后带褐色。

果：颖果长圆形，长 1.5 mm。

【生态习性】

生物学特性：多年生草本。花果期 8—10 月。以地下茎和种子繁殖。

分布：中国分布于东北、华北、西北、华东等地。日本、朝鲜、俄罗斯西伯利亚地区有分布。

生境：适应性强，干燥的山坡至湿润的滩地均可生长，为果园和路埂常见杂草。

荻

十九、芨芨草属

芨芨草属为多年生丛生草本，有 20 多种，分布于欧洲、亚洲温寒带。中国有 14 种。

芨芨草

【形态特征】

茎：株高 0.5~2.5 m，秆具白色髓，直径 3~5 mm，具 2~3 节，无毛。

叶：叶鞘无毛，具膜质边缘；叶舌披针形；叶片纵卷，坚韧，长 30~60 cm，宽 5~6 mm，上面粗糙，下面无毛。

花：圆锥花序开展，长 30~60 cm；分枝每节 2~6 根，长 8~17 cm；小穗灰绿色，基部带紫褐色，成熟后常草黄色。

【生态习性】

生物学特性：多年生草本。花果期6—9月。

分布：中国分布于西北、东北及内蒙古、山西、河北。蒙古、俄罗斯有分布。

生境：生于微碱性草滩及沙土山坡上，常形成单纯植物群落，田边常见。

芨芨草

二十、大麦属

大麦属约有30种，分布于温带或亚热带山地或高原地区。中国连同栽培种有15种（包括变种）。属中除粮食作物外，多为优良牧草。

芒颖大麦草

【别称】芒麦草。

【形态特征】

茎：株高 30~45 cm，秆丛生，直立或基部稍倾斜，平滑无毛，具 3~5 节。

叶：叶鞘下部者长于节间而中部以上者短干节间；叶舌干膜质，截平；叶片扁平，粗糙。

花：穗状花序柔软，绿色或稍带紫色；穗轴成熟时逐节断落，棱边具短硬纤毛。

【生态习性】

生物学特性：越年生草本。花果期 5—8 月。

分布：分布于北美洲及欧亚大陆温带地区。中国东北可能为逸生。

生境：生于路旁或田野。

芒颖大麦草

二十一、白茅属

白茅属为多年生草本，具发达的长根茎。本属约有 10 种，分布于热带和亚热带地区。中国有 4 种。

白茅

【别称】毛启莲、红色男爵白茅。

【形态特征】

茎：株高 30~80 cm，秆直立，具 1~3 节，节上无毛。

叶：叶鞘聚集于秆基部，长于节间，质地较厚，老后破碎呈纤维状；叶舌膜质，紧贴其背部或鞘口具柔毛；分蘖叶片长约 20 cm，宽约 8 mm；秆生叶片长 1~3 cm，窄线形，通常内卷，顶端渐尖呈刺状，下部渐窄，或具柄，质硬，被白粉，基部上面具柔毛。

花：圆锥花序紧密，两颖草质、边缘膜质，近相等，具 5~9 条脉，顶端渐尖或稍钝，常具纤毛，脉间疏生长丝状毛；花柱细长，柱头紫黑色，羽状，自小穗顶端伸出。

果：颖果椭圆形，长约 1 mm，胚长为颖果的一半。

白茅

【生态习性】

生物学特性：多年生草本。花果期 4—6 月。

分布：中国分布于辽宁、河北、山西、山东、陕西、新疆等北方省区。非洲北部、中亚，土耳其、伊拉克、伊朗，高加索及地中海地区有分布。

生境：生于低山带平原河岸草地、沙质草甸、荒漠与海滨。

第二节　莎草科杂草和水生杂草

一、莎草科

莎草科全世界有 80 余属、4 000 余种，中国有 28 属、500 余种。多生于潮湿处或沼泽地，苔草族多产于中国东北、西北、华北或西南高山地区，藨草族和莎草族广泛分布于中国各省区。宁夏有扁秆荆三棱、三棱水葱、水莎草、水葱、异型莎草、褐穗莎草等 20 余种。

（一）三棱草属

三棱草属为多年生草本，具匍匐根茎。秆基部膨大为球状块茎，具节，具多数秆生叶，苞片叶状。顶生长侧枝聚伞花序短缩，常具较少辐射枝。果实较大。本属约有 10 种，主要分布于亚洲和北美洲东部。中国有 3 种，云南产 1 种。

1. 荆三棱

【形态特征】

茎：根茎粗而长，匍匐状，顶端生球状块茎，常从块茎又生匍匐根茎。

秆：株高 70~150 cm，锐三棱形，平滑，基部膨大，具秆生叶。

叶：叶片扁平，线形，宽 5~10 mm，稍坚挺，上部叶片边缘粗糙，叶鞘较长。

花：叶状苞片 3~4 枚，通常长于花序；长侧枝聚伞花序简单，具 3~8 根辐射枝，辐射枝最长达 7 cm，每一辐射枝具 1~4 个小穗；小穗卵形或长圆形，绣褐色，常具多数花。

果：小坚果倒卵形或三棱形，黄白色。

【生态习性】

生物学特性：多年生草本。花期5—9月。以种子及球状块茎繁殖，并以块茎及种子越冬，种子越冬后才能发芽，发芽深度距土面2~4 cm。

分布：中国分布于黑龙江、辽宁、吉林、江苏、浙江、贵州、台湾。日本、朝鲜及俄罗斯远东地区有分布。

生境：生于沼泽地、湿地、河岸及湖边浅水中。

荆三棱

2. 扁秆荆三棱

【别称】 扁秆藨草。

【形态特征】

茎：具匍匐根茎和块茎；株高60~100 cm，一般较细，三棱形，平滑，靠近花序部分粗糙，基部膨大，具秆生叶。

叶：叶片扁平，宽 2~5 mm，顶部渐狭，具长叶鞘。

花：叶状苞片 1~3 枚，通常长于花序，边缘粗糙；长侧枝聚伞花序短缩呈头状，或有时具少数辐射枝，常具 1~6 个小穗；小穗卵形或长圆状卵形，锈褐色，具多数花。

果：小坚果宽倒卵形或倒卵形。

【生态习性】

生物学特性：多年生草本。花期 5—6 月，果期 7—9 月。以种子及块茎繁殖。

分布：中国分布于东北、华北、华东、华南及西北等地。朝鲜、日本有分布。

生境：常生于湿地、河岸、沼泽地等处，是稻田恶性杂草，危害严重。

扁秆荆三棱

3. 球穗三棱草

【形态特征】

茎：散生，具匍匐根茎和块茎，块茎小，卵形。

秆：株高 10~50 cm，三棱形，平滑，中部以上生叶。

叶：叶片扁平，线形，稍坚挺，宽 1~4 mm，秆上部的叶长于秆或与秆等长，边缘和背面中肋不粗糙或稍粗糙。

花：叶状苞片 2~3 枚，长于花序；长侧枝聚伞花序常短缩呈头状，具少数短辐射枝，通常具 1~10 个小穗；小穗卵形，长 10~16 mm，宽 3.5~7 mm，具多数花。

果：坚果宽倒卵形，双凸状，长约 2.5 mm，黄白色，成熟时深褐色，具光泽。

【生态习性】

生物学特性：多年生草本。花果期 6—9 月。以种子及块茎繁殖。

分布：中国分布于甘肃和新疆等地。中亚，伊朗、印度有分布。

生境：主要生于路旁凹地、沼泽地、盐土地等处。

球穗三棱草

（二）水葱属

水葱属为多年生草本，匍匐根茎粗壮，具多数须根。本属有77种，中国有22种。

1. 三棱水葱

【别称】 青岛藨草、藨草。

【形态特征】

茎：匍匐根茎长，直径 1~5 mm，干时红棕色。

秆：株高 20~90 cm，三棱形，基部具 2~3 个鞘，鞘膜质，横脉明显隆起，最上部叶鞘具叶片。

叶：叶片扁平，长 1.3~5.5 cm，宽 1.5~2 mm。

花：苞片 1 枚，为秆的延长，三棱形，长 1.5~7 cm；长侧枝聚伞花序假侧生，具1~8 根辐射枝；辐射枝三棱形，棱粗糙，长可达 5 cm，每一辐射枝顶端有1~8 个簇生的小穗。

果：小坚果倒卵形，平凸状，成熟时褐色，有光泽。

【生态习性】

生物学特性：多年生草本。花果期 6—9 月。以根茎及种子繁殖。

分布：中国除广东、海南岛外，其他地区均广泛分布。日本、朝鲜，中亚细亚，欧洲、美洲有分布。

生境：生于河边、水沟、水塘、山溪边或沼泽地，是水田常见杂草。

三棱水葱

2. 水葱

【别称】 南水葱。

【形态特征】

茎：株高 1~2 m，秆圆柱形，平滑，基部具 3~4 个叶鞘，膜质，最上部叶鞘具叶片。

叶：叶片线形，长 1.5~11 cm。

花：苞片 1 枚，为秆的延长，直立，钻状，常短于花序，稀稍长于花序；长侧枝聚伞花序简单或复出，假侧生，具 4~13 根辐射枝；辐射枝长达 5 cm，一面凸，一面凹，边缘有锯齿。

果：小坚果倒卵形或椭圆形，双凸状，稀棱形，长约 2 mm。

【生态习性】

生物学特性：多年生草本。花期 7—8 月，果期 8—9 月。以根茎及种子繁殖。

分布：中国分布于黑龙江、吉林、辽宁、内蒙古、山西、陕西、甘肃、新疆、河北、江苏、贵州、四川、云南。朝鲜、日本、澳大利亚，美洲有分布。

生境：生于河边、水塘边及低洼潮湿地，危害轻，是水稻田一般性杂草。

水葱

3. 剑苞水葱

【别称】剑苞藨草。

【形态特征】

茎：株高超过 1 m，锐三棱形，棱翅状，平滑，基部为长叶鞘包裹。

叶：叶短于秆，宽 6~10 mm，平滑，基部折合，渐向上的背面中肋隆起呈翅状。

花：苞片为秆的延长，单一，直立，钝三棱形，长达 25 cm，较花序长十几倍；长侧枝聚伞花序简单，假侧生，具 2~5 根辐射枝；辐射枝短或极短，顶端各具 3~5 个小穗；小穗长圆形或长圆状卵形。

果：小坚果宽卵形，平凸状，长约 2 mm。

【生态习性】

生物学特性：多年生草本。花果期 8—9 月。

分布：中国分布于甘肃、河北、宁夏、山东、新疆、四川、浙江等省区。中亚细亚，欧洲有分布。

剑苞水葱

（三）莎草属

莎草属为一年生或多年生草本。世界各地广泛分布，中国有 30 余种及一些变种，大多分布于华南、华东、西南各地，少数种在东北、华北、西北一带亦常见到。

1. 异型莎草

【形态特征】

茎：株高 5~65 cm，秆丛生，稍粗或细，扁三棱形，平滑，下部叶较多。

叶：叶短于秆，宽 2~6 mm，平展或折合，上端边缘稍粗糙。叶鞘稍长，褐色。

花：叶状苞片 2~3 枚，长于花序；长侧枝聚伞花序简单，少数复出，具 3~9 根辐射枝；辐射枝长短不等，最长达 2.5 cm，或有时近无花梗；头状花序球形，具多数小穗；小穗密聚，披针形或线形。

果：小坚果倒卵状椭圆形，三棱状，淡黄色。

【生态习性】

生物学特性：一年生草本。花果期 7—10 月。种子繁殖。

分布：中国分布于东北、华北、华东、华中、西南及台湾、宁夏、甘肃等地。

异型莎草

朝鲜、日本、印度、马来西亚，大洋洲、非洲有分布。

生境：水稻田及低湿地恶性杂草，尤其在低洼水稻田中发生量大，危害重。

2. 褐穗莎草

【别称】 北莎草、绿白穗莎草。

【形态特征】

茎：株高 6~30 cm，秆丛生，较细，扁锐三棱形，平滑，基部具少数叶。

叶：叶短于秆或与秆近等长，宽 2~4 mm，平展或折合，边缘不粗糙，叶鞘短。

花：叶状苞片 2~3 枚，长于花序；长侧枝聚伞花序复出，具 3~5 根第一次辐射枝，辐射枝长达 3 cm；小穗5~10 个密聚成近头状花序，线状披针形或线形，长 3~6 mm，宽约1.5 mm，稍扁平。

果：小坚果椭圆形，三棱状，长约为鳞片的 2/3，淡黄色。

【生态习性】

生物学特性：一年生草本。花期6—8 月，果期8—10 月。种子繁殖。

分布：中国分布于东北、华北、西北及安徽、江苏、广西等地。日本、朝鲜、蒙古，欧洲有分布。

生境：常生于稻田、沟边、草甸及沼泽地，属一般性杂草，发生量小，危害轻。

褐穗莎草

3. 头状穗莎草

【别称】喂香壶、状元花、三轮草。

【形态特征】

茎：株高 50~95 cm，秆散生，钝三棱形，平滑，基部稍膨大，具少数叶。

叶：叶短于秆，宽 4~8 mm，边缘不粗糙；叶鞘长，红棕色。

花：叶状苞片 3~4 枚，较花序长，边缘粗糙；长侧枝聚伞花序复出，具 3~8 根辐射枝，辐射枝长短不等，最长达 12 cm；穗状花序无总花梗，近圆形、椭圆形或长圆形，具多数小穗；小穗多列，排列极密，线状披针形或线形，稍扁平，具 8~16 朵花。

果：小坚果长圆形，三棱状，长为鳞片的 1/2，灰色，具网纹。

【生态习性】

生物学特性：一年生草本。花果期 6—10 月。种子繁殖。

分布：中国分布于黑龙江、吉林、辽宁、河北、河南、山西、陕西、甘肃。欧洲中部、亚洲中部、亚洲东部温带地区，地中海地区，朝鲜、日本有分布。

生境：生于河岸、湖边、水沟及草甸，有时入侵水田。

头状穗莎草

4. 具芒碎米莎草

【别称】黄颖莎草。

【形态特征】

茎：株高 20~50 cm，秆丛生，锐三棱形，稍细，平滑，基部具叶。

叶：叶短于秆，宽 2.5~5 mm；叶鞘较短，红棕色。

花：叶状苞片 3~4 枚，长于花序；长侧枝聚伞花序复出，卵形或宽卵形。

果：小坚果长圆状倒卵形，三棱状，与鳞片近等长，深褐色，密被微突起细点。

【生态习性】

生物学特性：一年生草本。5—6 月出苗，花果期 7—9 月。种子繁殖。

分布：中国分布于南北各地。朝鲜、日本有分布。

生境：喜潮湿环境，适生于水稻田边、河岸、溪边、路旁或草地湿处。

具芒碎米莎草

（四）水莎草属

水莎草属为一年生或多年生草本，具根茎或无。本属约有10种，遍布亚洲、欧洲、非洲、美洲以及澳大利亚。中国仅有 3 种及一些变种和变型，广泛分布于南北各地。

1. 水莎草

【形态特征】

茎：株高 35~100 cm，根茎长，粗壮，扁三棱形，平滑。

叶：叶片少，短于秆或有时长于秆，宽 3~10 mm，平滑，基部折合，上面平展，背面中肋呈龙骨状突起。

花：长侧枝聚伞花序复出，具 4~7 根第一次辐射枝；辐射枝向外开展，长短不等，最长达 16 cm；每一辐射枝具 1~3 个穗状花序，每一穗状花序具 5~17 个小穗；花序轴疏被短硬毛；小穗排列稍松，近平展，披针形或线状披针形。

果：小坚果近圆形或宽椭圆形，平凸状，长为鳞片的 4/5，棕色，具突起细点。

【生态习性】

生物学特性：多年生草本。苗期 5—8 月，花果期 9—10 月。以种子和根茎繁殖。

分布：中国分布于东北、华北、西北、华东、华中及广东、海南、广西、贵州、云南。朝鲜、日本、印度，欧洲有分布。

生境：多生于浅水中、水边沙土上，有时亦见于路旁。有些地方为稻田主要杂草。

水莎草

2. 花穗水莎草

【形态特征】

茎：根茎短，具多数须根；株高 2~18 cm，扁三棱形，平滑，基部具 1 片叶。

叶：叶片很短，刚毛状，长不超过 2.5 cm，宽约 1 mm，具较长的叶鞘。

花：简单长侧枝聚伞花序头状，具 1~8 个小穗；小穗无柄，卵状长圆形或长圆形，稍肿胀，长 5~15 mm，宽 2~5 mm，具 10~32 朵花；小穗轴稍宽，近四棱形。

果：小坚果近圆形、椭圆形，有时为倒卵形，平凸状，稍短于鳞片，黄色，表面具网纹。

【生态习性】

生物学特性：多年生草本。花果期 8—9 月。种子繁殖。

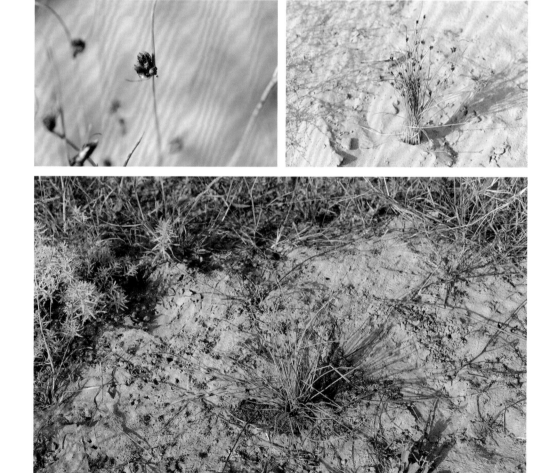

花穗水莎草

　　分布：中国分布于黑龙江、吉林、辽宁、河北、山西、陕西、河南及新疆等省区。蒙古，欧洲有分布。

　　生境：喜湿润环境，生于河边、沟边、沼泽及碱湖边，有时生于水稻田的水沟边，但发生量小，危害轻，为一般性杂草。

（五）扁莎属

　　扁莎属为一年生或多年生草本，具根茎或无。全世界有 70 余种，分布于亚洲、欧洲、非洲、美洲以及澳大利亚。中国有 10 余种及一些变种、变型，多分布于华南、西南以及华东各地，仅有少数种类广泛分布于南北各地。

红鳞扁莎

【别称】 黑扁莎、矮红鳞扁莎。

【形态特征】

茎：秆密丛生，扁三棱形，下部叶稍多。

叶：叶常短于秆，稀长于秆，宽 2~4 mm，边缘具细刺；鞘稍短，淡绿色，最

红鳞扁莎

下部叶鞘稍带棕色。

花：叶状苞片 3~4 枚，近平展，长于花序；长侧枝聚伞花序简单，辐射枝上端具 4~10 个小穗，密集成短穗状花序；雄蕊 3 枚，花药线形，柱头 2，细长。

果：小坚果宽倒卵形或长圆状倒卵形，双凸状，成熟时黑色。

【生态习性】

生物学特性：一年生草本。花果期 7—10 月。种子繁殖。

分布：几乎遍布中国。地中海地区南至非洲，西南至印度尼西亚，东至日本及俄罗斯远东地区有分布。

生境：生于山谷、田边、河边潮湿处，或生于浅水处，多在向阳的地方。

（六）荸荠属

荸荠属为多年生或一年生草本。本属有 150 多种，除两极外，广泛分布于世界各地，热带、亚热带地区较多。中国产 20 多种和一些变种。

1. 牛毛毡

【形态特征】

茎：株高 2~12 cm，秆密丛生，细如毛发。

叶：叶鳞片状，叶鞘长 0.5~1.5 cm，微红色。

花：小穗卵形，长 2~4 mm，宽约 2 mm，淡紫色，具几朵花；基部 1 鳞片无花，抱小穗基部 1 周，上部的鳞片螺旋状排列，下部的鳞片近 2 列，卵形，长约 3.5 mm，膜质，中间微绿色，两侧紫色，边缘无色，中脉明显，下位刚毛 3~4 根，长约为小坚果的 2 倍，具倒刺；柱头 3。

果：小坚果窄长圆形，钝圆三棱状，无明显棱，长约 1.5 mm，微黄白色，具横矩形网纹，顶端缢缩，无领状环；花柱基细小，圆锥形，基部宽约为小坚果的 1/3。

【生态习性】

生物学特性：多年生湿生草本。花果期 6—9 月。营养繁殖（通过地下茎），也可以种子繁殖。

分布：中国分布于南北各地。朝鲜、俄罗斯远东地区、日本、印度、缅甸、越南有分布。

牛毛毡

生境：生于池塘边、河滩地、渠岸等湿地，为水稻田恶性杂草，在水稻田中覆盖度高，大大降低水温，影响水稻生长，并且吸肥力强，防除不易，危害较重。

2. 荸荠

【别称】田荠、田藕、马蹄、木贼状荸荠。

【形态特征】

茎：株高 15~60 cm，秆丛生，圆柱形，直径 1.5~3 mm，有横隔膜，干后有节，灰绿色，平滑。

叶：叶阙如，只在秆基部有 2~3 个叶鞘；叶鞘近膜质，绿黄色、紫红色或褐色，长 2~20 cm，鞘口斜，顶端急尖。

花：小穗圆柱形，具多花，基部 2 鳞片无花，抱小穗轴 1 周，其余鳞片均具

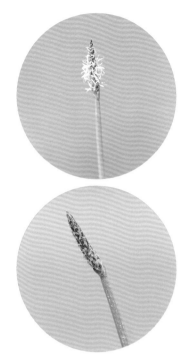

荸荠

1 朵两性花；鳞片松散覆瓦状排列，长圆形或卵状长圆形，先端钝圆，背面灰绿色，近革质，边缘淡黄色，干膜质，具淡棕色细点，中脉明显。

果：小坚果宽倒卵形，双凸状，长约 2.4 mm，顶端不缢缩且具领状环，棕色。

【生态习性】

生物学特性：多年生水生草本。花果期 5—10 月。以球茎及种子繁殖。

分布：中国分布于南北各地。朝鲜、日本、越南、印度有分布。

生境：适生于湿润环境，为稻田常见杂草，但发生量小。

（七）萤蔺属

萤蔺属为水生草本，有 31 种，中国有北水毛花、水毛花、五棱萤蔺、萤蔺、猪毛草 5 种。

萤蔺

【形态特征】

茎：秆丛生，稍坚挺，圆柱形，无棱，稀近有棱，平滑，基部具 2~3 鞘，鞘口斜截，边缘干膜质，无叶片。

花：小穗 3~5 个聚成头状，假侧生，卵形或长圆状卵形，棕色或淡棕色，具多花。

果：小坚果宽倒卵形或倒卵形，成熟时黑褐色。

【生态习性】

生物学特性：多年生草本。生育期 5—10 月，花期 6—10 月。种子繁殖。

分布：中国除内蒙古、甘肃、西藏尚未见到外，其他省区均有分布。亚洲热带和亚热带地区有分布。

生境：生于池边、溪边、沼泽地及荒地潮湿处，亦生于水田边及排灌渠两侧，尤在耕作粗放、排水不良的常年稻田中，常形成大片优势群落，危害水稻。

萤蔺

二、泽泻科

泽泻科有 11 属，约 100 种，主要产于北半球温带至热带地区，大洋洲、非洲亦有分布。中国有 4 属、20 种、1 亚种、1 变种、1 变型，野生或引种栽培，南北均有分布。中国常见的有泽泻属、慈姑属、毛茛泽泻属植物。

（一）泽泻属

泽泻属为多年生水生或沼生草本，现有 11 种，主要分布于大洋洲、北半球温带和亚热带地区。中国有 6 种。

1. 泽泻

【形态特征】

茎：块茎直径 1~3.5 cm，或更大。

叶：叶通常多数；沉水叶条形或披针形，挺水叶宽披针形、椭圆形至卵形，先端渐尖，稀急尖，基部宽楔形、浅心形，叶脉通常 5 条。

花：花两性，花梗长 1~3.5 cm；外轮花被片广卵形，内轮花被片近圆形，远大于外轮，边缘具不规则粗齿，白色、粉红色或浅紫色。

果：瘦果椭圆形或近矩圆形。种子紫褐色，具凸起。

【生态习性】

生物学特性：多年生草本。6—8 月间开花。种子繁殖。

分布：中国分布于南北各地。日本，欧洲、北美洲、大洋洲等地有分布。

生境：生于湖泊、河湾、溪流、水塘、沼泽、沟渠的浅水带，低洼水田中亦有生长。

泽泻

2. 东方泽泻

【形态特征】

茎：块茎直径 1~2 cm，或更大。

叶：叶多数；挺水叶宽披针形、椭圆形，长 3.5~11.5 cm，宽 1.3~6.8 cm，先端渐尖，基部近圆形或浅心形，叶脉 5~7 条。

花：花葶高 35~90 cm，或更高；花序长 20~70 cm，具 3~9 轮分枝，每轮分枝3~9 根；花两性，外轮花被片卵形，内轮花被片近圆形，大于外轮，白色、淡红色，稀黄绿色，边缘波状。

果：瘦果椭圆形，背部具 1~2 条浅沟。种子紫红色。

该种与泽泻外部形态十分相似，但是果较小，花柱很短，内轮花被片边缘波状，花托在果期中部呈凹形；瘦果在花托上排列不整齐。

【生活习性】

生物学特性：多年生水生或沼生草本。花果期 5—9 月。

分布：中国分布于黑龙江、吉林、辽宁、内蒙古、河北、山西、陕西、宁夏、甘肃、青海、新疆、山东、江苏、安徽、浙江、江西、福建、河南、湖北、湖南、广东、广西、四川、贵州、云南等省区。俄罗斯、蒙古、日本有分布。

生境：生于海拔几十米至 2 500 m 的湖泊、水塘、沟渠、沼泽。

东方泽泻

3. 草泽泻

【形态特征】

茎：块茎较小，或不明显。

叶：叶多数，丛生；叶片披针形，长 2.7~12.4 cm，宽 0.6~1.9 cm，先端渐尖，基部楔形，叶脉 3~5 条。

花：花葶高 13~80 cm；花序长 6~56 cm，具 2~5 轮分枝，每轮分枝 3~9 根，或更多，分枝粗壮；花两性，外轮花被片广卵形，内轮花被片白色，大于外轮，近圆形。

果：瘦果两侧压扁，倒卵形或近三角形。种子紫褐色，中部微凹。

【生活习性】

生物学特性：多年生沼生草本。花果期 6—9 月。

本种与窄叶泽泻外部形态近似，但叶片直；花柱很短，向背部反卷，花丝基部宽；果实背部具 1~2 条浅沟，或不明显，易于区别。

分布：中国分布于黑龙江、吉林、辽宁、内蒙古、山西、宁夏、甘肃、青海、新疆等省区。亚洲、欧洲、非洲和北美洲均有分布。

生境：生于湖边、水塘、沼泽、沟边及湿地。

草泽泻

（二）慈姑属

慈姑属为多年生水生或沼生草本，约有 30 种，广泛分布于世界各地，多数种类集中于北温带，少数种类分布在热带或近北极圈。中国已知有 9 种、1 亚种、1 变种、1 变型，除西藏等少数地区无记录外，其他省区均有分布。

野慈姑

【别称】剪刀草。

【形态特征】

茎：具匍匐茎或球茎，球茎小，长 2~3 cm。

叶：叶基生，挺水；叶片箭形，大小变异较大，顶端裂片与基部裂片间不缢缩，顶端裂片短于基部裂片，基部裂片尾端线尖；叶柄基部鞘状。

花：花序圆锥状或总状，总花梗长 20~70 cm，花多轮，最下一轮常具 1~2 根分枝；苞片 3 枚，基部多少合生；花单性，下部 1~3 轮为雌花，上部多轮为雄花。

果：瘦果两侧扁，倒卵圆形，具翅，背翅宽于腹翅，具微齿；喙顶生，直立。

野慈姑

【生活习性】

生物学特性：多年生水生或沼生草本。苗期4—6月，花期夏秋季，果期秋季。以球茎或种子繁殖。球茎具休眠期。种子具休眠期，出苗较球茎晚。

分布：中国各地均有分布。

生境：生于湖泊、池塘、沼泽、沟渠、水田等处。

三、眼子菜科

眼子菜科为沼生、淡水生至咸水生或海水生一年生或多年生草本，有10属，约170种。中国产8属，45种。

眼子菜属

眼子菜属为多年生或一年生水生草本，约有100种，遍布全世界，尤以北半球温带地区分布较多。中国有28种、4变种，南北各地均有分布。

1. 眼子菜

【别称】泉生眼子菜。

【形态特征】

茎：根茎白色，直径1.5~2 mm，多分枝，顶端具纺锤形休眠芽体，节处生须根；茎圆柱形，直径1.5~2 mm，通常不分枝。

叶：浮水叶革质，披针形、宽披针形或卵状披针形，长2~10 cm，叶脉多条，顶端连接，叶柄长5~20 cm；沉水叶披针形或窄披针形，草质，常早落，具柄。

花：穗状花序顶生，花多轮，开花时伸出水面，花后没于水中。

果：果宽倒卵圆形。

【生态习性】

生物学特性：多年生水生草本。花期5—6月，果期7—8月。以果实、根茎及根茎上生长的越冬芽繁殖。

分布：中国分布于大多数省区。俄罗斯、朝鲜及日本有分布。

生境：生于地势低洼、长期积水的池塘、水田和水沟等静水中，是水稻田恶性杂草，危害严重。

眼子菜

2. 浮叶眼子菜

【形态特征】

茎：茎圆柱形，直径 1.5~2 mm，通常不分枝或极少分枝。

叶：浮水叶少数，革质，卵形或矩圆状卵形，有时卵状椭圆形，长 4~9 cm，先端圆或具钝尖头，基部心形或圆形，稀渐窄，叶脉 23~35 条，于叶端连接，其中 7~10 条显著；具长柄，叶柄与叶片连接处反折。

花：穗状花序顶生，长 3~5 cm，花多轮，开花时伸出水面。

果：果倒卵形，常灰黄色。

【生态习性】

生物学特性：多年生水生草本。花果期 7—10 月。以根茎及种子繁殖。

分布：中国各地均有分布，为北半球广布种。

浮叶眼子菜

生境：生于池塘及水沟，有时入侵水田，但危害轻。

3. 竹叶眼子菜

【形态特征】

茎：根茎白色，节上生须根；茎圆柱形，直径约 2 mm，不分枝或具少数分枝，节间长超过 10 cm。

叶：叶条形或条状披针形，具长柄；叶片长 5~19 cm，宽 1~2.5 cm，先端钝圆且具小凸尖，基部钝圆或楔形，边缘浅波状，有细微锯齿；中脉显著，基部至中部发出 6 条至多条与之平行并在顶端连接的次级叶脉，三级叶脉清晰可见。

穗：穗状花序顶生，花多轮，密集或稍密集。

果：果倒卵形，两侧稍扁。

【生态习性】

生物学特性：多年生沉水性草本。花期 5—7 月，果期 7—10 月。以种子及根茎繁殖。

分布：中国分布于南北各地。俄罗斯、朝鲜、日本、印度及东南亚各国有分布。

生境：生于水流缓慢的小河、水沟、湖泊及水池中，个别地区在水层较深的水田中危害水稻。

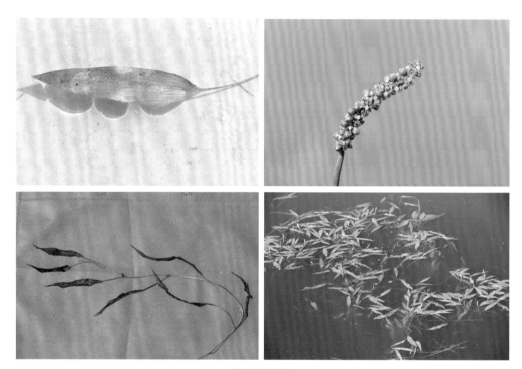

竹叶眼子菜

4. 穿叶眼子菜

【别称】抱茎眼子菜。

【形态特征】

茎：根茎白色，节上生须根；茎圆柱形，直径 0.5~2.5 mm，上部多分枝。

叶：叶宽卵形、卵状披针形或近圆形，先端钝圆，基部心形，耳状抱茎，边缘波状，具微齿；基脉 3 出或 5 出，弧形，顶端连接，次级叶脉细弱。

花：穗状花序顶生，具花 4~7 轮，密集或稍密集。

果：果离生，倒卵圆形。

【生态习性】

生物学特性：多年生沉水性草本。花期 5—7 月，果期 6—9 月。以种子、根茎繁殖。

分布：分布于东北、华北、西北及山东、河南、湖南、湖北、贵州、云南等地。欧洲、亚洲、美洲、非洲和大洋洲广泛分布。

生境：常生于湖泊、池塘、灌渠、河流等微酸性至中性水体中。

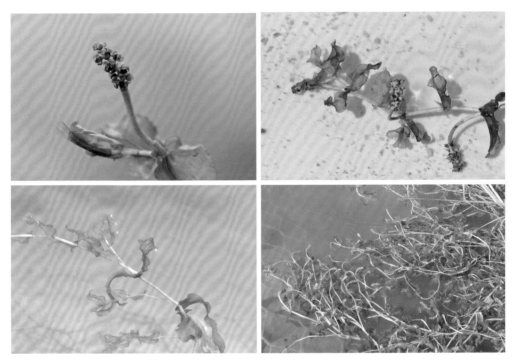

穿叶眼子菜

5. 菹草

【别称】札草、虾藻。

【形态特征】

茎：茎稍扁，多分枝，近基部常匍匐于地面，节生须根。

叶：叶条形，长 3~8 cm，宽 0.5~1 cm，先端钝圆，基部约 1 mm 处与托叶合生，不形成叶鞘，叶缘多少浅波状，具细锯齿。

花：穗状花序顶生，花 2~4 轮，初每轮 2 朵对生，穗轴伸长后常稍不对称。花序梗棒状，较茎细。

果：果基部连合，卵圆形。

【生态习性】

生物学特性：多年生沉水性草本，花期 4—7 月，果期 5—9 月，以种子、根茎及芽苞繁殖。

分布：中国分布于南北各地，为世界广布种。

生境：生于池塘、水沟、灌渠及水流缓慢的河水中，有些地区在水层较深的水田中危害水稻，影响其生长。

菹草

6. 篦齿眼子菜

【别称】 龙须眼子菜、柔花眼子菜、矮眼子菜、铺散眼子菜。

【形态特征】

茎：根茎白色，具分枝，常于春末夏初至秋季在根茎及分枝顶端形成卵形休眠芽体；茎近圆柱形，纤细，下部分枝稀疏，上部分枝稍密集。

叶：叶线形，长 2~10 cm，宽 0.2~1 mm，先端渐尖或尖，基部与托叶贴生成鞘；鞘长1~4 cm，绿色，叶脉 3 条，平行，顶端连接，中脉显著。

花：穗状花序顶生，具花 4~7 轮，间断排列。

果：果倒卵圆形，背部钝圆。

【生态习性】

生物学特性：多年生沉水性草本。花果期 5—8 月。以种子及根茎繁殖。

分布：中国分布于南北各地。遍布全世界，尤以两半球温带水域较常见。

生境：常生于水层较深的水田排水沟，以及水流较缓的小河、河沟、池塘，在西北地区亦见于微碱性水体及咸水中。

篦齿眼子菜

7. 丝叶眼子菜

【形态特征】

茎：根茎细长，白色，直径约 1 mm，具分枝，常于春末至秋季在主根茎及其分枝顶端形成卵球形休眠芽体；茎圆柱形，纤细，直径约 0.5 mm，自基部多分枝，或少分枝。

叶：叶线形，长 3~7 cm，宽 0.3~0.5 mm，先端钝，基部与托叶贴生成鞘；鞘长 0.8~1.5 cm，绿色，抱茎。

花：穗状花序顶生，具花 2~4 轮，间断排列。

果：果倒卵形，背脊通常钝圆。

【生态习性】

生物学特性：多年生沉水性草本。花期5—7月，果期7—9月。以种子及根茎繁殖。

分布：中国分布于东北、华北、华中、华东、华南及台湾等地。俄罗斯远东地区、日本、朝鲜、菲律宾、马来西亚及印度有分布。

生境：生于水流缓慢的小河、水沟、湖泊及水池，个别地区在水层较深的水田中危害水稻。

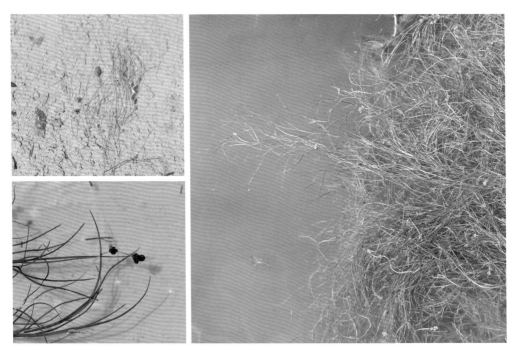

丝叶眼子菜

8. 小眼子菜

【别称】 丝藻、线叶眼子菜。

【形态特征】

茎：茎椭圆柱形或近圆柱形，纤细，具分枝，近基部常匍匐于地面，并于节处生出稀疏而纤长的白色须根。

叶：叶线形，无柄，长2~6 cm，宽约1 mm，先端渐尖，全缘；叶脉1条或3条，中脉明显。

花：穗状花序顶生，具花2~3轮，间断排列；花小。

果：果斜倒卵形。

【生态习性】

生物学特性：沉水性草本。花果期5—10月。

分布：中国分布于南北各地，但以北方更多见。本种分布甚广，尤以北半球温带水域常见。

生境：生于池塘、湖泊、沼泽、水田及沟渠等处。

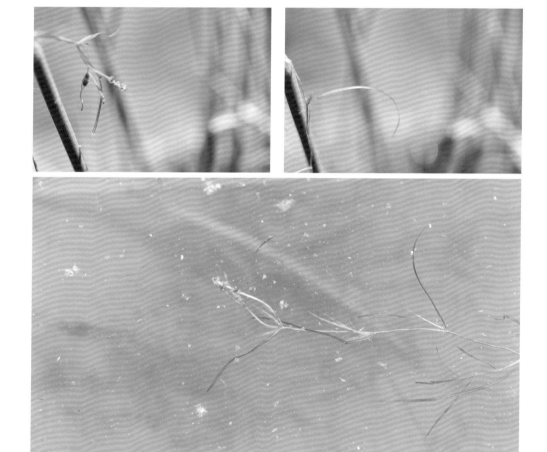

小眼子菜

四、水鳖科

水鳖科为一年生或多年生淡水和海水草本，沉水或漂浮于水面。本科有17属，约80种，广泛分布于热带、亚热带地区，少数分布于温带地区。中国有9属、20种、4变种，主要分布于长江以南各省区，东北、华北、西北亦有少数种类。

茨藻属

茨藻属为一年生沉水性草本。本属有 40~50 种，分布于温带、亚热带和热带地区。中国有 9 种、3 变种，生于稻田、静水池沼或湖泊中。

1. 小茨藻

【形态特征】

茎：植株纤细，下部匍匐，上部直立，节部易断裂；茎光滑，黄绿色至深绿色，分枝二叉状，基部节生不定根；茎下部叶近对生，上部叶 3 片假轮生，于枝端较密集。

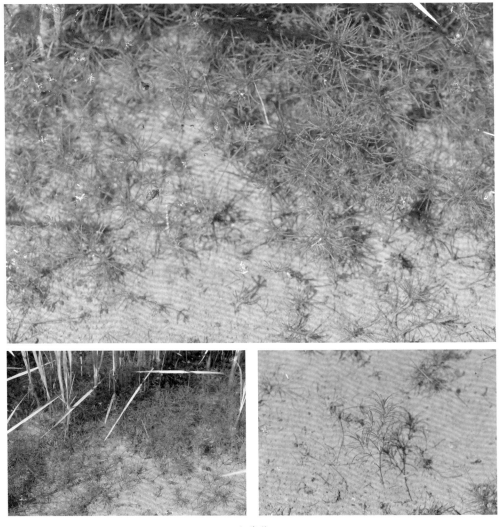

小茨藻

叶：叶线形，长 1~3 cm，具锯齿，上部渐窄而向背面弯曲，先端具黄褐色刺尖，无柄；叶鞘上部倒心形，长约 2 mm，叶耳近圆形，上部及外侧具细齿。

花：花小，单性同株，单生于叶腋。

果：瘦果黄褐色，窄椭圆形。种子纺锤形，种皮坚硬。

【生态习性】

生物学特性：一年生沉水性草本。花果期 6—10 月。种子繁殖，种子萌发后，幼苗能飘浮于水面，能随水的流动而传播。

分布：中国分布于东北、华北、西南、长江流域及广东等地。欧洲、亚洲、非洲，澳大利亚有分布。

生境：水稻田杂草，低洼积水稻田有时发生量较大，对水稻的生长发育有较大的影响。

2. 大茨藻

【形态特征】

茎：株高 0.3~1 m，茎较粗壮，直径 1~4.5 mm，黄绿色至墨绿色，质脆，节间长 1~10 cm，节部易断裂；分枝多，二叉状，常疏生锐尖粗刺，刺长 1~2 mm，先端黄褐色，表皮与皮层分界明显。

叶：叶近对生或 3 片轮生，线状披针形，稍上弯，长 1.5~3 cm，先端具黄褐色

大茨藻

刺尖，边缘具粗锯齿，下面沿中脉疏生长约 2 mm 的刺，全缘或上部疏生细齿，齿端具黄褐色刺尖，无柄；叶鞘圆形，抱茎。

花：花单性，雌雄异株，串生于叶腋。

果：瘦果椭圆形或倒卵状椭圆形。种子卵圆形或椭圆形，种皮质硬。

【生态习性】

生物学特性：一年生沉水性草本。花果期 7—9 月。种子及营养繁殖。

分布：中国分布于东北、华北、华东及台湾等地。日本、朝鲜、俄罗斯远东地区，欧洲、北美洲有分布。

生境：生于湖泊、水层较深的池沼及水流缓慢的小河，常群聚成丛。

五、睡菜科

睡菜科为多年生浮叶草本，适应环境能力颇强。

荇菜属

荇菜属为多年生水生草本，具根茎。本属约有 20 种，广泛分布于热带和温带地区。中国有 6 种，大部分省区均产。

荇菜

【别称】 凫葵、水荷叶、杏菜。

【形态特征】

茎：茎圆柱形，多分枝，密生褐色斑点。

叶：上部叶对生，下部叶互生，叶片飘浮，近革质，圆形或卵圆形，直径1.5~8 cm，基部心形，全缘，有不明显的掌状叶脉，下面紫褐色。

花：花常多数，簇生于节上；花冠金黄色，冠筒短。

果：蒴果无柄，椭圆形。种子大，褐色，椭圆形。

【生态习性】

生物学特性：多年生水生草本。花果期 5—10 月。以地下茎及种子繁殖。

分布：中国分布于大多数省区。欧洲中部，克什米尔地区，俄罗斯、蒙古、朝鲜、日本、伊朗、印度有分布。

生境：生于池塘或不甚流动的河水、溪水中，喜充足光照，不喜荫蔽，适生于多腐殖质的微酸性至中性的底泥和富营养的水域中。

荇菜

六、小二仙草科

小二仙草科有8属，约100种，遍布全世界，主产于大洋洲。中国有2属、7种、1变种，几乎产于南北各地。常生于水中，亦有旱生。

狐尾藻属

狐尾藻属为水生或半湿生草本，有45种，广泛分布于全世界。中国有5种、1变种，产于南北各地。

穗状狐尾藻

【别称】聚藻、泥茜。

【形态特征】

茎：根茎发达，茎长 1~2.5 m，多分枝。

叶：叶 3~5 片轮生，长 3.5 cm，丝状细裂；裂片 13 对，线形，长 1~1.5 cm；叶柄极短或缺。

花：花单性或杂性，雌雄同株，单生于苞片状叶腋，常 4 朵轮生，由多数花组成顶生或腋生穗状花序，长 6~10 cm。

果：分果广卵形或卵状椭圆形。

【生态习性】

生物学特性：花期春秋季，果期 4—9 月。

分布：为世界广布种。

生境：常生于池塘、河沟、沼泽中，特别是在含钙的水域中更常见。

穗状狐尾藻

七、双星藻科

双星藻科有 12 属，800 余种，分布于全世界，以热带和亚热带地区较多。中国有 9 属、347 种。

水绵属

水绵属广泛分布于全世界，中国有 187 种。多生于较浅的静水水体中，如池塘、水坑、沟渠、稻田、湖泊和溪流边缘等处，极少数生于潮湿土壤上。

水绵

【别称】石衣、水衣、水苔、石发。

水绵

【形态特征】

藻体为不分枝丝状体，手感黏滑，配子囊圆柱形，接合管由雌雄两配子囊构成。接合孢子椭圆形或长椭圆形，两端略尖，成熟时黄色。

【生活习性】

生物学特性：真核生物。以藻体断裂进行营养繁殖，或进行接合生殖。

分布：中国分布于南北各地。世界各地均有分布。

生境：喜生于富含有机质的静水中，在南方主要危害秧田，在北方主要危害大田，主要降低水温，当覆盖面达 50%时，晴天可降低水温 2~3 ℃。还可消耗水中氧气及养分，影响水稻生长和分蘖。发生严重的田块影响除草剂的扩散而造成药害。

八、金鱼藻科

金鱼藻科为多年生沉水性草本，无根，茎漂浮，有分枝。本科仅 1 属，即金鱼藻属。

金鱼藻属

金鱼藻属有 7 种，广泛分布于全世界。中国产 5 种。

1. 金鱼藻

【形态特征】

茎：全株深绿色；茎细长，分枝。

叶：叶 4~12 片轮生，1~2 次叉状分歧；裂片丝状或丝状条形，长 1.5~2 cm，宽 0.1~0.5 mm，先端带白色软骨质，边缘一侧具细齿。

花：花梗较短；花被片 8~12 枚，条形，长 1.5~2 mm，淡绿色，先端具 3 齿及带紫色毛，宿存。

果：坚果宽椭圆形，长 4~5 mm，直径约 2 mm，黑色。

【生态习性】

生物学特性：多年生沉水性草本。花期 6—7 月，果期 8—9 月。以休眠的顶芽越冬，也可以种子繁殖。

分布：中国广泛分布。全世界均有分布。

生境：生于池塘、水沟、水库及水流平缓的小河。在水层较深、长期浸水的水稻田中，可吸收田中肥分，降低水温，从而影响水稻的分蘖及根系的发育。

金鱼藻

2. 五刺金鱼藻

【形态特征】

茎：茎平滑，多分枝，节间 1~2.5 cm，枝顶端者较短。

叶：叶常 10 片轮生，2 次二叉状分歧；裂片条形，长 1~2 cm，宽 0.3~0.5 cm。

五刺金鱼藻

果：坚果椭圆形，长 4~5 mm，直径 1~1.5 mm，褐色，平滑，边缘无翅，有 5 尖刺。

本种和金鱼藻的区别在于，叶 2 次二叉状分歧，果实有 5 尖刺。

【生态习性】

生物学特性：多年生沉水性草本。果期 7—9 月。

分布：中国分布于黑龙江、辽宁、河北、台湾。俄罗斯及日本有分布。

生境：生于河沟或池沼中。

九、香蒲科

香蒲科为多年生沼生、水生或湿生草本。本科只有 1 属，即香蒲属。

香蒲属

香蒲属为多年生沼生或水生草本，具匍匐根茎，现有 16 种，分布于热带至温带地区，主要分布于欧洲、亚洲和北美洲，大洋洲有 3 种。中国有 11 种，南北各地广泛分布，以温带地区种类较多。

1. 小香蒲

【形态特征】

茎：根茎姜黄色或黄褐色，先端乳白色；地上茎直立，细弱，矮小，株高 16~65 cm。

叶：叶通常基生，鞘状，无叶片，如叶片存在，长 15~40 cm，宽 1~2 mm，短

小香蒲

于花葶；叶鞘边缘膜质，叶耳长 0.5~1 cm。

花：雌花序与雄花序远离，雄花序长 3~8 cm，花序轴无毛；雌花序长 1.6~4.5 cm，叶状苞片宽于叶片。

【生态习性】

生物学特性：多年生沼生或水生草本。花果期 5—8 月。

分布：中国分布于黑龙江、吉林、辽宁、内蒙古、河北、河南、山东、山西、陕西、甘肃、新疆、湖北、四川等省区。巴基斯坦，亚洲北部、欧洲等地有分布。

生境：生于池塘、水沟边等浅水处，亦常见于水体干枯后的湿地及低洼处。

2. 达香蒲

【形态特征】

茎：根茎粗壮，地上茎直立，株高约 1 m。

叶：叶长 60~70 cm，宽 3~5 mm，下部凸形；叶鞘长，抱茎。

花：雌花序与雄花序远离，雄花序长 12~18 cm，花序轴无毛；雌花序长4.5~11 cm，直径1.5~2 cm，叶状苞片比叶宽，花后脱落。

【生态习性】

生物学特性：多年生水生或沼生草本。花期 7—8 月，果期 8—10 月。以种子及根茎繁殖。

分布：中国分布于东北、华北等地。亚洲北部有分布。

生境：喜湿润环境，常见于水沟及沟边湿地，有时入侵稻田、湖泊，危害一般。

达香蒲

3. 无苞香蒲

【形态特征】

茎：根茎乳黄色或浅褐色，先端白色；地上茎直立，较细弱，株高 1~1.3 m。

叶：叶窄线形，长 50~90 cm，宽 2~4 mm，无毛，下部隆起；叶鞘抱茎较紧。

花：雌花序与雄花序远离，雄穗状花序长 6~14 cm，长于雌花序，花序轴被白色、灰白色或黄褐色柔毛，基部和中部具 1~2 枚纸质叶状苞片，花后脱落；雌花序长 4~6 cm。

【生态习性】

生物学特性：多年生沼生或水生草本。花果期 6—9 月。

分布：中国分布于黑龙江、吉林、辽宁、内蒙古、河北、河南、山西、山东、陕西、青海、甘肃、宁夏、江苏、四川等省区。巴基斯坦，亚洲北部、欧洲等地有分布。

生境：生于湖泊、池塘、河流的浅水处。

无苞香蒲

4. 长苞香蒲

【形态特征】

茎：根茎粗壮，乳黄色，先端白色；地上茎直立，粗壮，株高 0.7~2.5 m。

叶：叶片长 40~150 cm，宽 3~8 mm，上部扁平，中部以下背面逐渐隆起，下部横切面呈半圆形，细胞间隙大，海绵状；叶鞘长，抱茎。

花：雌花序与雄花序远离，雄花序长 7~30 cm，花序轴具弯曲柔毛；雌花序位于下部，长 4.7~23 cm，叶状苞片比叶宽，花后脱落。

【生态习性】

生物学特性：多年生水生或沼生草本。花期 6—7 月，果期 8—10 月。以种子及根茎繁殖。

分布：中国分布于黑龙江、吉林、辽宁、内蒙古、河北、河南、山东、山西、陕西、甘肃、新疆、江苏、江西、贵州、云南等省区。俄罗斯及亚洲其他地区有分布。

生境：喜湿润环境，常生于池塘边、河湖浅水处及沟渠中，有时入侵水田，危害水稻。

长苞香蒲

5. 水烛

【别称】蜡烛草。

【形态特征】

茎：根茎乳黄色、灰黄色，先端白色；地上茎直立，粗壮，株高 1.5~2.5 m。

叶：叶片长 54~120 cm，宽 4~9 mm，上部扁平，中部以下腹面微凹，背面向下逐渐隆起呈凸形，下部横切面呈半圆形，细胞间隙大，海绵状；叶鞘抱茎。

花：雌花序与雄花序相距 2.5~6.9 cm，雄花序轴具褐色扁柔毛，单出，或分叉；雌花序长 15~30 cm，基部具 1 枚叶状苞片，通常比叶片宽，花后脱落。

果：小坚果长椭圆形，长约 1.5 mm，具褐色斑点，纵裂。种子深褐色，长 1~1.2 mm。

【生态习性】

生物学特性：多年生水生或沼生草本。花期6—7月，果期8—10月。以种子及根茎繁殖。

分布：中国分布于东北、华北、华东及河南、湖北、四川、云南、陕西、甘肃、青海等地。尼泊尔、印度、巴基斯坦、日本，欧洲、美洲、大洋洲有分布。

生境：喜湿润环境，常生于池塘边、河湖浅水处、沟渠及水稻田，为常见水生杂草，发生量较大，危害较重。

水烛

十、天南星科

天南星科为草本植物，具块茎或伸长的根茎，稀为攀缘灌木或附生藤本，富含苦味水汁或乳汁。本科有115属、2 000余种，分布于热带和亚热带地区，92%的属分布于热带地区。中国有35属、205种，其中4属、20种系引种栽培。

（一）浮萍属

浮萍属为飘浮或悬浮水生草本，有15种，广泛分布于温带地区。中国有2种。

浮萍

【别称】 水萍草、水浮萍、浮萍草、田萍、青萍。

【形态特征】

叶：叶状体对称，上面绿色，下面浅黄色、绿白色或紫色，近圆形、倒卵形或倒卵状椭圆形，全缘，长 1.5~5 mm，宽 2~3 mm，脉 3 条，下面垂生丝状根 1 条，长 3~4 cm；叶状体下面一侧具囊，新叶状体于囊内形成浮出，以极短的柄与母体相连，后脱落。

果：果近陀螺状。种子胚珠弯生。

【生态习性】

生物学特性：飘浮草本，以芽繁殖。

分布：中国分布于南北各地。全世界温暖地区均有分布。

生境：生于静水池沼或浅水中，为水田常见杂草，发生量小，危害轻。

常与紫萍混生，形成密布于水面的飘浮群落，浮萍繁殖快，通常在群落中占绝对优势。

浮萍

（二）紫萍属

紫萍属为飘浮水生草本。本属有 6 种，分布于温带和热带地区。中国有 2 种。

紫萍

【**别称**】紫背浮萍、萍、浮飘草、余头温草、浮瓜叶、水萍。

【**形态特征**】

叶：叶状体扁平，宽倒卵形，长 5~8 mm，宽 4~6 mm，先端钝圆，上面绿色，下面紫色，掌状脉 5~11 条，下面中央生根 5~11 条，根长 3~5 cm，白绿色；根基附近一侧囊内形成圆形新芽，萌发后的幼小叶状体从囊内浮出，以细弱的柄与母体相连。

花：花未见，据记载，肉穗花序有 2 枚雄花和 1 枚雌花。

【**生态习性**】

生物学特性：飘浮草本。花期 6—7 月，很少开花。以芽繁殖。

分布：中国分布于南北各地。温带及热带地区广泛分布。

生境：生于水田、水塘、水沟。

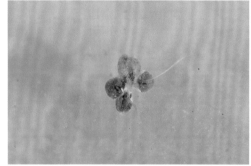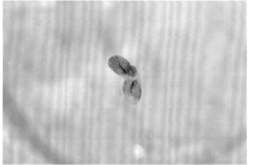

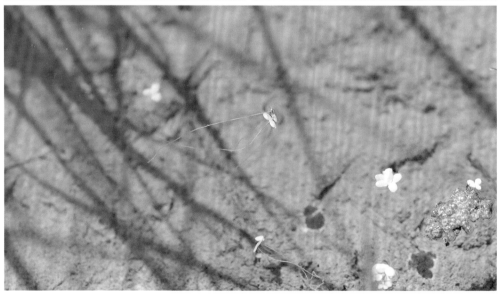

紫萍

十一、千屈菜科

本科有 25 属、550 种，广泛分布于全世界，但主要分布于热带和亚热带地区。中国有 11 属、47 种，南北均有分布。

（一）水苋菜属

一年生草本，茎直立，柔弱，多分枝，枝通常具 4 棱。本属约有 30 种，广泛分布于热带和亚热带地区，主产于非洲和亚洲。中国有 4 种。

耳基水苋

【别称】 耳基水苋菜。

【形态特征】

茎：株高 15~60 cm，茎直立，少分枝，无毛，上部的茎 4 棱或略具狭翅。

叶：叶对生，膜质，狭披针形或矩圆状披针形，长 1.5~7.5 cm，宽 3~15 mm，顶端渐尖或稍急尖，基部扩大，多少呈心状耳形，半抱茎，无柄。

花：聚伞花序腋生，通常有花 3 朵，多可至 15 朵，总花梗较短，萼筒钟形，最

耳基水苋

初基部狭，结实时近半球形，有略明显的4~8棱，裂片阔三角形。

果：蒴果扁球形，成熟时约1/3突出于萼之外，紫红色，直径2~3.5 mm，不规则周裂。种子半椭圆形。

【生态习性】

生物学特性：一年生草本。花期8—9月。种子繁殖。

分布：中国分布于广东、福建、浙江、江苏、安徽、湖北、河南、河北、陕西、甘肃及云南等省区。热带地区广泛分布。

生境：常生于湿地和水稻田，比水苋菜少见。

（二）千屈菜属

一年生或多年生草本，稀灌木。本属有35种，广泛分布于全世界。中国有4种。

本属多具有大的花序和紫红色的花，常栽培于花坛。有些种类根含单宁，可提制栲胶或用作收敛剂。

千屈菜

【别称】水柳、中型千屈菜、光千屈菜。

【形态特征】

茎：根茎横卧于地下，粗壮；茎直立，多分枝，株高30~100 cm，全株青绿色，略被粗毛或密被绒毛，枝通常具4棱。

叶：叶对生或3片轮生，披针形或阔披针形，长4~6 cm，宽8~15 mm，顶端钝或短尖，基部圆形或心形，有时略抱茎，全缘，无柄。

花：聚伞花序簇生，花梗及总花梗较短；花瓣红紫色或淡紫色，倒披针状长椭圆形。

果：蒴果扁圆形。

【生态习性】

生物学特性：多年生草本。花果期7—9月。以种子和根茎繁殖。

分布：中国分布于南北各地。亚洲、欧洲、北美洲，阿尔及利亚、澳大利亚东南部有分布。

生境：生于河岸、湖边、溪边、沟边和潮湿草地。本种为花卉植物，华北、华东常栽培于水边或盆栽，供观赏。

千屈菜

第三节　阔叶类杂草

一、藜科

藜科是被子植物的大科之一，有 100 余属、1 400 余种，主要分布于非洲南部、中亚、美洲及大洋洲的干草原、荒漠、盐碱地以及地中海、黑海、红海沿岸。中国有 39 属、186 种，主要分布于西北、东北及内蒙古，尤以新疆最丰富。

（一）藜属

藜属为一年生或多年生草本，约有 250 种，分布于世界各地。中国有 19 种和 2 亚种。

1. 藜

【别称】 灰条菜、灰藿。

【形态特征】

茎：株高 0.3~1.5 m，茎直立，粗壮，多分枝，具条棱及绿色或紫红色色条。

叶：叶菱状卵形至宽披针形，先端尖或微钝，基部楔形至宽楔形，边缘具不整齐锯齿；叶柄与叶近等长，或为叶片长度的 1/2。

花：花两性，簇出于枝上部排列成或大或小的穗状或圆锥状花序。

果：胞果果皮与种子贴生。种子横生，黑色，表面具浅沟纹。

【生态习性】

生物学特性：一年生草本。花果期 5—9 月。种子繁殖。

分布：中国分布于南北各地。温带及热带地区广泛分布。

生境：生于田间、路旁和荒地，为很难除掉的杂草。

藜

2. 小藜

【别称】 灰菜。

【形态特征】

茎：株高 20~50 cm，茎直立，具条棱及绿色色条。

叶：叶卵状矩圆形，通常 3 浅裂；中裂片两边近平行，先端钝或急尖并具短尖头，边缘具深波状锯齿；侧裂片位于中部以下，通常各具 2 浅裂齿。

花：花两性，数朵团集，排列于上部的枝上形成较开展的顶生圆锥状花序；花被近球形，裂片宽卵形，不开展，背面具微纵隆脊并有密粉。

果：胞果包在花被内，果皮与种子贴生。种子双凸镜状，黑色，有光泽。

【生态习性】

生物学特性：一年生草本。早春萌发，花期4—6月，果期5—7月。种子繁殖。

分布：中国除西藏外，其他省区均有分布。

生境：生于湿润且轻度盐碱化的沙性壤土中，为田间普通杂草，有时也生于荒地、路旁等处。

小藜

3. 狭叶尖头叶藜

【形态特征】

茎：株高20~80 cm，茎直立，具条棱及绿色色条，有时色条带紫红色，多分枝。

叶：叶较狭小，狭卵形、矩圆形乃至披针形，长度显著大于宽度。

花：花两性，团伞花序于枝上部排列成紧密的或有间断的穗状或穗状圆锥花序。

果：种子横生，黑色，有光泽，表面略具点纹。

【生态习性】

生物学特性：一年生草本。花期6—7月，果期8—9月。

分布：中国分布于河北、辽宁、江苏、浙江、福建、台湾、广东、海南、广西、宁夏等省区。日本有分布。

生境：生于海滨、湖边、荒地等处。

狭叶尖头叶藜

4. 杂配藜

【别称】血见愁、大叶藜。

【形态特征】

茎：株高0.4~1.2 m，茎直立，粗壮，具淡黄色或紫色条棱，上部有疏分枝。

叶：叶宽卵形或卵状三角形，先端急尖或渐尖，基部圆形、截形或略呈心形，边缘掌状浅裂；裂片2~3对，不等大，轮廓略呈五角形，先端通常锐；上部叶较小，叶片多呈三角状戟形，边缘具较少数裂片状锯齿，有时接近全缘。

花：花两性兼有雌性，通常数朵团集于分枝上排列成开散的圆锥状花序。

果：胞果果皮膜质，常有白色斑点。种子横生，双凸镜状，黑色。

【生态习性】

生物学特性：一年生草本。早春出苗，花果期7—9月。种子繁殖。

分布：中国分布于黑龙江、吉林、辽宁、内蒙古、河北、浙江、山西、陕西、宁夏、甘肃、青海、西藏、新疆、浙江、四川、云南等省区。北美洲、欧洲，夏威夷群岛，蒙古、朝鲜、日本、印度有分布。

生境：生于田间、路旁、沟沿等处，为田园和路埂杂草。

杂配藜

5. 灰绿藜

【别称】翻白藜、小灰菜。

【形态特征】

茎：株高20~40 cm，茎平卧或外倾，具条棱及绿色或紫红色色条。

叶：叶矩圆状卵形至披针形，肥厚，先端急尖或钝，基部渐狭，边缘具缺刻状牙齿，上面无粉，平滑，下面有粉而呈灰白色，稍带紫红色；中脉明显，黄绿色。

花：花两性兼有雌性，通常数朵聚成团伞花序，再于分枝上排列成有间断而通常短于叶的穗状或圆锥状花序。

果：胞果顶端露出花被外，果皮膜质，黄白色。种子扁球形。

【生态习性】

生物学特性：一年生草本。4—8 月出苗，花果期 5—9 月。种子繁殖。

分布：中国除台湾、福建、江西、广东、广西、贵州、云南外，其他省区均有分布。温带地区广泛分布。

生境：生于农田、菜园、水边等轻度盐碱化的土壤上。

灰绿藜

（二）滨藜属

滨藜属为一年生草本，较少为半灌木，通常有糠秕状被覆物(粉)。本属约有180 种，分布于温带及亚热带地区。中国产 17 种及 2 变种，主要分布于北方各省区，尤以新疆荒漠地区较丰富。

1. 滨藜

【形态特征】

茎：株高 60 cm，茎直立或外倾，无粉或稍有粉，具色条及条棱，通常上部分枝；枝细瘦，斜上。

叶：叶互生，或在茎基部近对生；叶片披针形至条形，先端渐尖或微钝，基部渐狭，两面均为绿色，无粉或稍有粉，边缘具不规则弯锯齿或微锯齿，有时接近全缘。

花：花序穗状，或有短分枝，通常紧密，于茎上部再集成圆锥状。

果：果扁平，圆形或双凸镜状，黑色或红褐色，有细点纹。

【生态习性】

生物学特性：一年生草本。花期 7—8 月，果期 8—9 月。种子繁殖。

滨藜

分布：中国分布于黑龙江、辽宁、吉林、河北、内蒙古、陕西、甘肃、宁夏、青海和新疆。东欧至俄罗斯有分布。

生境：多生于轻度盐碱地、海滨、沙土地等处。

2. 中亚滨藜

【形态特征】

茎：株高 15~30 cm，茎通常自基部分枝；枝钝四棱形，黄绿色，无色条，有粉或下部近无粉。

叶：叶有短柄，枝上部的叶近无柄；叶片卵状三角形至菱状卵形，长 2~3 cm，宽 1~2.5 cm，边缘具疏锯齿，近基部的 1 对锯齿较大而呈裂片状，或仅有 1 对浅裂片而其余部分全缘，先端微钝，基部圆形至宽楔形，上面灰绿色，无粉或稍有粉，下面灰白色，有密粉。

花：花集成腋生团伞花序。

中亚滨藜

果：胞果扁平，宽卵形或圆形，白色，与种子贴生。种子直立，红褐色或黄褐色。

【生态习性】

生物学特性：一年生草本。花期7—8月，果期8—9月。

分布：中国分布于吉林、辽宁、内蒙古、河北、山西、陕西、宁夏、甘肃、青海、新疆、西藏。蒙古及俄罗斯有分布。

生境：生于戈壁、荒地、海滨及盐土荒漠，有时也入侵农田。

3. 西伯利亚滨藜

【形态特征】

茎：株高 20~50 cm，茎通常自基部分枝，枝外倾或斜伸，钝四棱形，无色条，有粉。

西伯利亚滨藜

叶：叶卵状三角形至菱状卵形，先端微钝，基部圆形或宽楔形，边缘具疏锯齿，近基部的1对齿较大而呈裂片状，或仅有1对浅裂片而其余部分全缘，上面灰绿色，无粉或稍有粉，下面灰白色，有密粉。

花：团伞花序腋生。

果：胞果扁平，卵形或近圆形。种子直立，红褐色或黄褐色。

【生态习性】

生物学特性：一年生草本。花期6—7月，果期8—9月。

分布：中国分布于黑龙江、吉林、辽宁、内蒙古、河北、陕西、宁夏、甘肃、青海、新疆等省区。蒙古、俄罗斯、哈萨克斯坦有分布。

生境：生于盐碱地、荒漠、湖边、沟渠边、河岸及固定沙丘等处。

（三）碱蓬属

碱蓬属有100余种，分布于世界各地。中国有20种、1变种，主产于新疆及北方各省区。

碱蓬

【形态特征】

茎：株高达1 m，茎直立，淡绿色，具条棱；茎上部多分枝，分枝细长。

叶：叶丝状条形，稍向上弯曲，长1.5~5 cm，宽约1.5 mm，灰绿色，无毛，先端微尖，基部稍缢缩。

花：花两性兼有雌性，单生或2~5朵团集，大多着生于叶近基部。

果：胞果包于花被内，果皮膜质。种子横生或斜生，双凸镜状，黑色，表面具清晰的颗粒状点纹，稍有光泽。

【生态习性】

生物学特性：一年生草本。花果期7—9月。种子繁殖。

分布：中国分布于黑龙江、内蒙古、河北、山东、河南、江苏、浙江、山西、陕西、宁夏、甘肃、青海、新疆。蒙古、俄罗斯、朝鲜、日本有分布。

生境：生于海滨、荒地、沟渠边、田边等含盐碱的土壤。

碱蓬

二、木贼科

小型或中型蕨类，土生、湿生或浅水生。本科仅木贼属1属，25种，遍布全世界。中国有1属、10种、3亚种，广泛分布于各省区。

木贼属

本属分问荆亚属和木贼亚属。

问荆亚属为小型或中型蕨类。地上枝宿存仅1年或更短时间；主枝常常有规则的轮生分枝。本亚属共7种，全世界广泛分布。中国有6种，广泛分布于各省区。

木贼亚属为小型或中型蕨类。地上枝宿存1年以上，主枝常常不分枝。本亚属共7种。中国有4种、3亚种，广泛分布于各省区。

1. 问荆

【形态特征】

茎：根茎斜升、直立和横走，黑棕色，节和根密生黄棕色长毛或无毛。

枝：地上枝当年枯萎；枝二型，能育枝春季先萌发，株高5~35 cm，主枝中部直径3~5 mm，节间长2~6 cm，黄棕色，无轮生分枝，脊不明显，有密纵沟；不育枝后萌发，株高达40 cm，主枝中部直径1.5~3 mm，节间长2~3 cm，绿色，轮生分枝多，主枝中部以下有分枝。

孢子囊：孢子囊穗圆柱形，顶端钝，成熟时柄长3~6 cm。

【生态习性】

生物学特性：蕨类。以根茎繁殖为主，也可进行孢子繁殖。

分布：中国分布于各省区。日本、朝鲜、韩国，喜马拉雅山，欧洲、北美洲等有分布。

生境：喜近水生，生于湿地、水田边、沟渠边等处。

问荆

2. 犬问荆

【形态特征】

茎：根茎直立和横走，黑棕色，节和根光滑或具黄棕色长毛。

枝：地上枝当年枯萎；枝一型，株高 20~50 cm，中部直径 1.5~2 mm，节间长 2~4 cm，绿色，但下部 1~2 节节间黑棕色，无光泽，常在基部呈丛生状。

孢子囊：孢子囊穗椭圆形或圆柱形，顶端钝，成熟时柄伸长。

【生活习性】

生物学特性：蕨类。以根茎繁殖为主，也可进行孢子繁殖。

分布：中国分布于黑龙江、吉林、辽宁、内蒙古、河北、山西、陕西、宁夏、甘肃、青海、新疆、河南、江西、湖北、湖南、四川、重庆、贵州、云南、西藏等省区。日本、印度、尼泊尔，克什米尔地区，欧洲、北美洲有分布。

生境：生于海拔 200~4 000 m 的湿地、沟旁及路边等处。

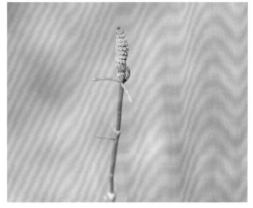

犬问荆

3. 节节草

【别称】节节木贼。

节节草

【形态特征】

茎：根茎直立、横走或斜升，黑棕色，节和根疏生黄棕色长毛或无毛。

枝：地上枝多年生；枝一型，株高 20~60 cm，中部直径 1~3 mm，节间长2~6 cm，绿色，主枝多在下部分枝，常呈簇生状。

果：孢子囊穗短棒状或椭圆形，顶端有小尖突，无柄。

【生活习性】

生物学特性：蕨类。以根茎繁殖为主，也可进行孢子繁殖。

分布：中国分布于黑龙江、吉林、辽宁、内蒙古、宁夏、甘肃、青海、新疆、山东、江苏、广东、广西、海南、四川、重庆、贵州、云南、西藏等省区。日本、朝鲜、韩国、蒙古，非洲、欧洲、北美洲等地有分布。

生境：陆生，喜潮湿、多肥土壤，生于海拔 100~3 300 m 的田间、果园、沟渠边、路边等处。

4. 笔管草

【别称】 台湾木贼、纤弱木贼。

【形态特征】

茎：根茎直立和横走，黑棕色，节和根密生黄棕色长毛或光滑无毛。

枝：地上枝多年生；枝一型，高可达 60 cm 或更高，中部直径 3~7 mm，节间长3~10 cm，绿色，成熟主枝有分枝，但分枝常不多；主枝有脊 10~20 条，鞘筒短，下部绿色，顶部略黑棕色，鞘齿黑棕色或淡棕色。

果：孢子囊穗短棒状或椭圆形，顶端有小尖突，无柄。

【生活习性】

生物学特性：蕨类。以根茎繁殖为主，也可进行孢子繁殖。

分布：中国分布于陕西、甘肃、宁夏、山东、江苏、上海、安徽、浙江、江西、福建、台湾、河南、湖北、湖南、广西、海南、四川、重庆、贵州、云南、西藏等省区。日本、印度、锡金、尼泊尔、缅甸、泰国、菲律宾、马来西亚、印度尼西亚、新加坡、斐济等国有分布。

生境：陆生，喜潮湿、多肥土壤，生于海拔 0~3 200 m 的田间、果园、沟渠边、路边等处。

笔管草

三、蔷薇科

蔷薇科有 124 属、3 300 余种，分布于全世界，北温带地区较多。中国有 51 属、1 000 余种，产于南北各地。

委陵菜属

委陵菜属有 200 余种，大多分布在北半球温带、寒带及高山地区，极少数种类接近赤道。中国有 80 多种，南北各地均产，主要分布在东北、西北和西南各省区。

1. 委陵菜

【别称】萎陵菜、天青地白、五虎噙血、扑地虎、生血丹、一白草、疏齿委陵菜。

【形态特征】

茎：株高 20~70 cm，花茎直立或上升，被稀疏短柔毛及白色绢状长柔毛。

叶：基生叶为羽状复叶，有小叶 5~15 对，间隔 0.5~0.8 cm，连叶柄长 4~25 cm，叶柄被短柔毛及绢状长柔毛；小叶对生或互生，上部小叶较长，向下逐渐减小，无柄，长圆形、倒卵形或长圆状披针形，边缘羽状中裂；裂片三角状卵形、三角状披针形或长圆状披针形，顶端急尖或圆钝，边缘向下反卷。

花：伞房状聚伞花序，基部有披针形苞片，外面密被短柔毛；花瓣黄色，宽倒卵形，顶端微凹。

果：瘦果卵球形，深褐色，有明显皱纹。

委陵菜

【生活习性】

生物学特性：多年生草本。花果期6—9月。

分布：中国分布于黑龙江、吉林、辽宁、内蒙古、河北、山西、陕西、甘肃、宁夏、山东、河南、江苏、安徽、江西、湖北、广西、四川、贵州、云南、西藏等省区。俄罗斯、日本、朝鲜有分布。

生境：生于海拔400~3 200 m的山坡草地、沟谷、林缘、灌丛或疏林下。

2. 朝天委陵菜

【别称】鸡毛菜、铺地委陵菜、仰卧委陵菜、伏萎陵菜。

【形态特征】

根：主根细长，并有稀疏侧根。

茎：茎平展，上升或直立，叉状分枝，长20~50 cm，被疏柔毛或脱落几无毛。

叶：基生叶为羽状复叶，有小叶2~5对，叶柄被疏柔毛或脱落几无毛；小叶互生或对生，无柄，最上面1~2对小叶基部下延与叶轴合生，小叶片长圆形或倒卵状长圆形，顶端圆钝或急尖，边缘有圆钝或缺刻状锯齿，两面绿色；茎生叶与基生叶

朝天委陵菜

相似，向上小叶对数逐渐减少。

花：花茎上多叶，下部花自叶腋生，顶端呈伞房状聚伞花序；花瓣黄色，倒卵形，顶端微凹，与萼片近等长或较萼片短。

果：瘦果长圆形，先端尖，表面具脉纹。

【生活习性】

生物学特性：一年生或二年生草本。花果期 5—9 月。种子繁殖。

分布：中国分布于黑龙江、吉林、辽宁、内蒙古、河北、山西、陕西、宁夏、甘肃、新疆、山东、河南、江苏、浙江、安徽、江西、湖北、湖南、广东、四川、贵州、云南、西藏等省区。北半球温带及亚热带地区广泛分布。

生境：生于水边、沙地边，为旱地果园杂草，也常出现在稻田埂。

3. 绢毛匍匐委陵菜

【别称】 五爪龙、金棒锤、金金棒、绢毛细蔓萎陵菜。

【形态特征】

根：根多分枝，常具纺锤形块根。

茎：匍匐枝长 20~100 cm，节上生不定根，被稀疏柔毛或脱落几无毛。

绢毛匍匐委陵菜

叶：叶为三出掌状复叶，边缘 2 片小叶浅裂至深裂，有时混生有不裂者，小叶下面及叶柄伏生绢状柔毛，稀脱落被稀疏柔毛。

花：单花自叶腋生或与叶对生，花梗长 6~9 cm，被疏柔毛。

果：瘦果黄褐色，卵球形，外面被显著点纹。

【生态习性】

生物学特性：多年生匍匐草本。花果期 5—9 月。

分布：中国分布于宁夏、内蒙古、河北、山西、陕西、甘肃、河南、山东、江苏、浙江、四川、云南等省区。

生境：生于海拔 300~3 500 m 的山坡草地、渠旁、溪边灌丛及林缘。

四、紫草科

紫草科多数为草本，较少为灌木或乔木，一般被硬毛或刚毛。本科约有 100 属、2 000 种，分布于温带和热带地区，地中海地区为其分布中心。中国有 48 属、269 种，遍布南北各地，但以西南部较丰富。

（一）鹤虱属

鹤虱属为一年生或二年生（稀多年生）草本，全体被柔毛、糙伏毛，稀被绢毛。本属有 61 种，分布于亚洲、欧洲、非洲及北美洲。中国有 31 种、7 变种，主产于西北、华北及东北地区。

鹤虱

【形态特征】

茎：株高 30~60 cm；茎直立，中部以上多分枝，密被白色短糙毛。

叶：基生叶长圆状匙形，全缘，先端钝，基部渐狭成长柄；茎生叶较短而狭，披针形或线形，扁平或沿中肋纵折，先端尖，基部渐狭，无叶柄。

花：花冠淡蓝色，漏斗状至钟状。

果：小坚果卵圆形，长约 3.5 mm。

【生态习性】

生物学特性：一年生或二年生草本。春季出苗，花期 5—6 月，果期 6—7 月。

种子繁殖。

分布：中国分布于华北、西北等地。欧洲中部和东部、北美洲，阿富汗、巴基斯坦有分布。

生境：常生于干旱草地、山坡草地、路旁等处。

鹤虱

（二）砂引草属

砂引草属为乔木、灌木或草本，有3种，广泛分布于亚洲温带及热带地区，美洲也有分布。中国有2种、1变种，分布于北部及东南部。

砂引草

【形态特征】

茎：株高10~30 cm，根茎细长；茎单一或数条丛生，直立或斜升，通常分枝，密生糙伏毛或白色长柔毛。

叶：叶披针形、倒披针形或长圆形，长1~5 cm，宽6~10 mm，先端渐尖或钝，基部楔形或圆形，密生糙伏毛或长柔毛，中脉明显，无柄或近无柄。

花：花序顶生，直径 1.5~4 cm；萼片披针形；花冠黄白色。

果：核果椭圆形或卵球形，粗糙，密生伏毛，先端凹陷。

【生态习性】

生物学特性：多年生草本。花期 5 月，果实 7 月成熟。

分布：中国分布于黑龙江、吉林、辽宁、河北、河南、山东、陕西、甘肃、宁夏等省区。蒙古、朝鲜及日本有分布。

生境：生于海拔 4~1 930 m 的海滨沙地、荒漠及山坡路旁。

砂引草

五、旋花科

旋花科约有 60 属、1 650 种，广泛分布于全世界，主要产于美洲、亚洲热带和亚热带地区。中国有22 属、125 种，南北均有分布，大部分产自西南和华南地区。

（一）旋花属

旋花属为一年生或多年生，平卧、直立或缠绕草本，直立亚灌木或有刺灌木，约有250 种，广泛分布于温带及亚热带地区，极少数分布在热带地区。中国有 8 种，另有 1 种仅见记载而无标本。

1. 田旋花

【别称】田福花、燕子草、小旋花、三齿草藤、面根藤、白花藤、扶秧苗、扶田秧、箭叶旋花、中国旋花、狗狗秧。

【形态特征】

茎：具木质根茎，茎平卧或缠绕，有条纹及棱角，无毛或上部被疏柔毛。

叶：叶卵状长圆形至披针形，长 1.5~5 cm，宽 1~3 cm，先端钝或具小短尖头，基部大多戟形，或箭形及心形，全缘或 3 裂；侧裂片开展，微尖；中裂片卵状椭圆形、狭三角形或披针状长圆形，微尖或近圆。

花：花序腋生，具 1~3 朵花，花序梗长 3~8 cm；花冠宽漏斗形，白色或粉红色，或白色具粉红色、红色的瓣中带，或粉红色具红色、白色的瓣中带。

果：蒴果卵状球形或圆锥形，无毛。

【生态习性】

生物学特性：多年生草本。花期 5—8 月，果期 6—9 月。以根茎和种子繁殖。

分布：中国分布于黑龙江、吉林、辽宁、河北、河南、山东、山西、陕西、甘肃、宁夏、新疆、内蒙古、江苏、四川、青海、西藏等省区。广泛分布于温带地区，

田旋花

稀分布于亚热带及热带地区。

生境：为旱作物地常见杂草，荒坡、路旁等处亦常见。

2. 银灰旋花

【形态特征】

茎：株高 2~10 cm，根茎短，木质化，茎少数或多数，平卧或上升，枝和叶密被贴生（稀半贴生）银灰色绢毛。

叶：叶互生，线形或狭披针形，先端锐尖，基部狭，无柄。

花：花单生于枝端，具细花梗；花冠小，漏斗状，淡玫瑰色或白色带紫色条纹，有毛。

果：蒴果球形。种子卵圆形，光滑，具喙，淡褐红色。

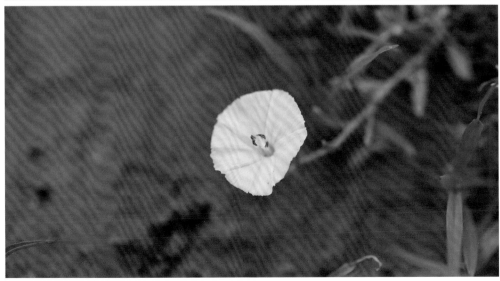

银灰旋花

【生态习性】

生物学特性：多年生草本。花期5—8月，果期6—9月。以根茎和种子繁殖。

分布：中国分布于黑龙江、吉林、辽宁、内蒙古、河北、河南、陕西、山西、甘肃、宁夏、青海、新疆及西藏东部。朝鲜、蒙古、俄罗斯有分布。

生境：生于干旱山坡草地或路旁。

（二）打碗花属

打碗花属为多年生缠绕或平卧草本，通常无毛，有时被短柔毛。本属有25种，分布于温带和亚热带地区。中国有5种，南北均产。

1. 打碗花

【别称】 老母猪草、旋花苦蔓、扶子苗、扶苗、狗儿秧、小旋花、狗耳苗、狗耳丸、喇叭花、钩耳蕨、面根藤、走丝牡丹、扶秧、扶七秧子、兔儿苗、傅斯劳草、富苗秧、兔耳草、盘肠参、蒲地参、燕覆子、小昼颜、篱打碗花。

打碗花

【形态特征】

茎：茎细，平卧，有细棱。

叶：基部叶片长圆形，长 2~3 cm，宽 1~2.5 cm，顶端圆；上部叶片 3 裂，中裂片长圆形或长圆状披针形，侧裂片近三角形，全缘或 2~3 裂，叶片基部心形或戟形。

花：花单生于叶腋，花梗长于叶柄，有细棱；花冠淡紫色或淡红色。

果：蒴果卵圆形，长约 1 cm。种子黑褐色，被小疣。

【生态习性】

生物学特性：一年生草本，具粗壮的地下茎。花期 6—8 月，果期 7—9 月。以种子及地下茎繁殖。

分布：中国广泛分布。埃塞俄比亚，亚洲南部、东部有分布。

生境：适生于湿润而肥沃的土壤，为农田、荒地、路旁常见杂草。

2. 旋花

【别称】打破碗花、狗儿弯藤、打碗花、面根藤、包颈草、野苕、饭豆藤、饭藤子、篱天剑、吊茄子、天剑草、美草、独肠草、鼓子花、续筋根、筋根、宽叶打碗花。

【形态特征】

茎：茎缠绕，伸长，有细棱。

叶：叶形多变，三角状卵形至宽卵形，长 4~10 cm，宽 2~6 cm 或更宽，顶端渐尖或锐尖，基部戟形或心形，全缘或基部稍伸展为裂片。

花：花单生于叶腋；花梗通常稍长于叶柄，长达 10 cm；花冠通常白色或有时淡红色或紫色，漏斗状，冠檐微裂。

果：蒴果卵形。种子黑褐色，表面有小疣。

【生态习性】

生物学特性：多年生草本。花期 5—7 月，果期 6—8 月。以根芽和种子繁殖。

分布：中国分布于大部分地区。北美洲、欧洲、亚洲西北部、大洋洲有分布。

生境：生于海拔 140~2 000 m 的路旁、溪边草丛、农田边或山坡林缘。

旋花

3. 藤长苗

【别称】脱毛天剑、缠绕天剑、野山药、野兔子苗、兔耳苗、狗藤花、毛胡弯、狗儿秧、箭叶藤长苗、戟叶藤长苗。

【形态特征】

茎：茎缠绕，具细棱，密被灰白色或黄褐色长柔毛，有时毛少。

叶：叶长圆形或长圆状线形，长 4~10 cm，宽 0.5~2.5 cm，顶端钝圆或锐尖，具小短尖头。

花：花单生于叶腋；花梗短于叶，密被柔毛；花冠淡红色，漏斗状，长 4~5 cm，瓣中带顶端被黄褐色短柔毛。

果：蒴果近球形，直径约 6 mm。种子卵圆形，光滑。

【生态习性】

生物学特性：多年生草本。花期 6—8 月，果期 7—9 月。以根芽及种子繁殖。

分布：中国分布于黑龙江、辽宁、河北、山西、陕西、甘肃、新疆、山东、河南、湖北、安徽、江苏、四川等省区。俄罗斯、蒙古、朝鲜、日本有分布。

生境：生于较湿润的荒地、路旁或农田。

藤长苗

六、蓼科

蓼科为双子叶植物，约有50属、1 150种，广泛分布于全世界，但主产于北温带，少数分布于热带。中国有13属、235种、37变种，产于南北各地。

（一）蓼属

蓼属为一年生或多年生草本，稀为半灌木或小灌木。本属约有230种，广泛分布于全世界，主要分布于北温带。中国有113种、26变种，南北均有分布。

1. 萹蓄

【别称】竹叶草、大蚂蚁草、扁竹。

【形态特征】

茎：株高 10~40 cm，茎平卧、上升或直立，自基部多分枝，具纵棱。

叶：叶椭圆形、窄椭圆形或披针形，长 1~4 cm，宽 0.3~1.2 cm，顶端钝圆或急尖，全缘，无毛。

花：花单生或数朵簇生于叶腋，遍布植株；花梗细；花被片椭圆形，绿色，边缘白色或淡红色。

果：瘦果卵形，黑褐色，无光泽。

【生态习性】

生物学特性：一年生草本。花期5—7月，果期6—8月。种子繁殖。

分布：中国分布于南北各地。北温带广泛分布。

生境：生于农田、荒地、路旁或水边湿地，喜湿润环境。

萹蓄

2. 褐鞘萹蓄

与原变种萹蓄的区别在于托叶鞘全部为褐色。

中国分布于黑龙江、吉林、辽宁、宁夏、江西等省区。

褐鞘蒿蓄

3. 西伯利亚蓼

【形态特征】

茎：茎外倾或近直立，自基部分枝，无毛。

叶：叶长椭圆形或披针形，长 5~13 cm，宽 0.5~1.5 cm，顶端急尖或钝，基部载形或楔形，无毛。

花：圆锥状花序顶生，花稀疏，苞片漏斗状；花梗短，中上部具关节；花被黄绿色。

果：瘦果卵形，黑色，有光泽。

【生态习性】

生物学特性：多年生草本。花期6—7月，果期8—9月。以种子及根茎繁殖。

分布：中国分布于东北、华北、西南及陕西、甘肃。蒙古、俄罗斯西伯利亚地区有分布。

生境：常生于盐碱荒地或沙质盐碱地、盐化草甸以及路旁或田边，常形成单优势层片或群落，为夏熟作物田及秋熟作物田常见杂草。

西伯利亚蓼

4. 柳叶刺蓼

【别称】 本氏蓼。

【形态特征】

茎：株高 30~90 cm，茎直立或上升，分枝，具纵棱，被稀疏的倒生短皮刺，皮刺长 1~1.5 mm。

叶：叶披针形或窄椭圆形，长 3~10 cm，宽 1~3 cm，先端尖，基部楔形。

花：总状花序穗状，顶生或腋生，长 5~9 cm，通常分枝，下部间断，花序梗密被腺毛；苞片漏斗状，包围花序轴，无毛或有时具腺毛，无缘毛，绿色或淡红色；每苞内具 3~4 朵花，花被白色或淡红色。

果：瘦果近球形，扁平，黑色，无光泽。

【生态习性】

生物学特性：一年生草本。春季出苗，花期7—8月，果期8—9月。种子繁殖。

分布：中国分布于黑龙江、辽宁、河北、山西、宁夏和内蒙古等省区。朝鲜、日本及俄罗斯远东地区有分布。

生境：喜生于沙地、田边及路旁湿地，为果园常见杂草。

柳叶刺蓼

5. 酸模叶蓼

【别称】 大马蓼。

【形态特征】

茎：株高40~90 cm，茎直立，具分枝，无毛，节部膨大。

叶：叶披针形或宽披针形，顶端渐尖或急尖，基部楔形，上面绿色，常有一个黑褐色新月形大斑点，两面沿中脉被短硬伏毛，全缘，边缘具粗缘毛。

花：总状花序穗状，顶生或腋生，花被淡红色或白色。

果：瘦果宽卵形，黑褐色。

【生态习性】

生物学特性：一年生草本。花期6—8月，果期7—9月。种子繁殖。

分布：中国广泛分布于南北各地。东亚、南亚及欧洲有分布。

生境：常生于田边、路旁、水边、荒地或沟边湿地等处。

酸模叶蓼

6. 绵毛酸模叶蓼

【别称】酸溜溜。

【形态特征】

本变种与原变种酸模叶蓼的区别在于叶下面密生白色绵毛。

产地、生境与原变种相同。

绵毛酸模叶蓼

7. 水蓼

【别称】辣柳菜、辣蓼。

【形态特征】

茎：株高 40~70 cm，茎直立，多分枝，无毛，节部膨大。

水蓼

叶：叶披针形或椭圆状披针形，顶端渐尖，基部楔形，边缘全缘，具缘毛，两面无毛，被褐色小点，有时沿中脉具短硬伏毛，具辛辣味。

花：总状花序穗状，顶生或腋生；花稀疏，花被绿色，上部白色或淡红色。

果：瘦果卵形，双凸镜状或具 3 棱，密被小点，黑褐色，无光泽。

【生态习性】

生物学特性：一年生草本，叶及嫩茎均具辣味。花期 5—8 月，果期 6—9 月。种子繁殖。

分布：中国分布于南北各地。东亚、欧洲、北美洲，印度尼西亚、印度、朝鲜、日本有分布。

生境：常生于水边和路旁湿地，为夏熟作物田、水稻田及路埂常见杂草。

8. 两栖蓼

【形态特征】

茎：根茎横走，生于水中者，茎漂浮，无毛，节部生不定根；生于陆地者，茎直立，不分枝或自基部分枝，株高 40~60 cm。

两栖蓼

叶：生于水中者，叶长圆形或椭圆形，浮于水面，长 5~12 cm，宽 2.5~4 cm，顶端钝或微尖，基部近心形，两面无毛，全缘，无缘毛；生于陆地者，叶披针形或长圆状披针形，长 6~14 cm，宽 1.5~2 cm，顶端急尖，基部近圆形，两面被短硬伏毛，全缘，具缘毛。

花：总状花序穗状，顶生或腋生，长 2~4 cm；苞片宽漏斗状，花被淡红色或白色。

果：瘦果近圆形，双凸镜状。

【生态习性】

生物学特性：多年生草本。花期 7—8 月，果期 8—9 月。以种子及根茎繁殖。

分布：中国分布于南北各地。亚洲、欧洲和北美洲广泛分布。

生境：生于湖泊、池塘等静水或河流浅水中，也常生于沟边或田边。

（二）酸模属

酸模属为一年生或多年生草本，稀为灌木。根通常粗壮，有时具根茎。茎直立，通常具沟槽，分枝或上部分枝。本属约有 150 种，分布于全世界，主产于北温带。中国有 26 种、2 变种。

1. 酸模

【形态特征】

茎：根为须根；株高 40~100 cm，茎直立，具深沟槽，通常不分枝。

叶：基生叶和茎下部叶箭形，长 3~12 cm，宽 2~4 cm，顶端急尖或圆钝，基部裂片急尖，全缘或微波状；茎上部叶较小，具短叶柄或无柄。

花：花序狭圆锥状，顶生，分枝稀疏；花单性，雌雄异株。

果：瘦果椭圆形，两端尖，黑褐色，有光泽。

【生态习性】

生物学特性：多年生草本。花期 5—7 月，果期 6—8 月。

分布：中国分布于南北各地。朝鲜、日本、哈萨克斯坦，高加索地区，欧洲、美洲有分布。

生境：生于海拔 400~4 100 m 的山坡、林缘、沟边、路旁。

酸模

2. 齿果酸模

【形态特征】

茎：株高 30~70 cm，茎直立，自基部分枝，枝斜上，具浅沟槽。

叶：茎下部叶长圆形或长椭圆形，长 4~12 cm，宽 1.5~3 cm，顶端圆钝或急尖，基部圆形或近心形，边缘浅波状，茎生叶较小。

花：花序总状顶生和腋生，由数个再组成圆锥状花序。

果：瘦果卵形，两端尖，黄褐色，有光泽。

【生态习性】

生物学特性：一年生草本。花期 5—6 月，果期 6—7 月。

分布：中国分布于华北、西北、华东、华中及四川、贵州和云南。尼泊尔、印度、阿富汗、哈萨克斯坦，欧洲东南部有分布。

生境：生于海拔 30~2 500 m 的沟边湿地、山坡路旁等处。

齿果酸模

七、茄科

茄科为一年生至多年生草本、半灌木、灌木或小乔木，约有 30 属、3 000 种，广泛分布于温带及热带地区，美洲热带地区种类较丰富。中国产 24 属、105 种、35 变种。

（一）曼陀罗属

曼陀罗属有 16 种，多数分布于热带和亚热带地区，少数分布于温带地区。中国有 4 种，南北各省区均有分布，野生或栽培。该属植物可提取莨菪碱和东莨菪碱。

1. 曼陀罗

【别称】 土木特张姑、沙斯哈我那、赛斯哈塔肯、醉心花、闹羊花、野麻子、洋金花、万桃花、狗核桃、枫茄花。

【形态特征】

茎：株高 0.5~1.5 m，全体近平滑或幼嫩部分被短柔毛；茎粗壮，圆柱形，淡绿色或带紫色，下部木质化。

叶：叶广卵形，顶端渐尖，基部不对称楔形，边缘有不规则波状浅裂，裂片顶端急尖，有时亦有波状牙齿；侧脉每边 3~5 条，直达裂片顶端。

花：花单生于枝杈间或叶腋，直立，有短梗；花萼筒状，花冠漏斗状，下部淡绿色，上部白色或淡紫色。

果：蒴果直立，卵圆形。种子卵圆形，稍扁，黑色。

【生态习性】

生物学特性：草本或半灌木状，全株有毒。花期 6—8 月，果期 7—9 月。种子繁殖。

分布：中国分布于南北各地。世界各大洲广泛分布。

生境：生于荒地、路边，为路埂一般性杂草，也有药用或观赏而栽培者。

曼陀罗

2. 紫花曼陀罗

近几十年来，世界上许多植物学家对曼陀罗属的草本种类进行了全面的实验分类学研究，结果表明，花白色或紫色，果实表面有刺或无刺，只仅仅是一对基因显性和隐性的不同，它们在遗传上是不稳定的，在进化上也是无意义的。

紫花曼陀罗

（二）茄属

茄属为草本、亚灌木、灌木至小乔木，有时为藤本。本属约有 2 000 种，分布于热带及亚热带地区，少数分布于温带地区，主产于南美洲热带地区。中国有39 种、14 变种。

1. 龙葵

【别称】黑天天、天茄菜、飞天龙、地泡子、假灯龙草、白花菜、小果果、野茄秧、山辣椒、灯龙草、野海角、野伞子、石海椒、小苦菜、野梅椒、野辣虎、悠悠、天星星、天天豆、颜柔、黑狗眼、滨藜叶龙葵。

【形态特征】

茎：株高 0.25~1 m，茎直立，无棱或棱不明显，绿色或紫色，近无毛或被微柔毛。

叶：叶卵形，长 2.5~10 cm，宽 1.5~5.5 cm，先端短尖，基部楔形至阔楔形而下延至叶柄，全缘或具不规则波状粗齿，光滑或两面均被稀疏短柔毛，叶脉 5~6对。

花：蝎尾状花序腋外生，由 3~6 朵花组成；花冠白色，花冠筒隐于萼内。

果：浆果球形，黑色。种子多数，近卵圆形。

【生态习性】

生物学特性：一年生草本。花期 5—8 月，果期 6—9 月。种子繁殖。

分布：几乎遍布中国。欧洲、亚洲、美洲温带至热带地区广泛分布。

生境：喜生于田边、荒地及村庄附近，为秋熟作物田或路埂常见杂草。

龙葵

2. 红果龙葵

【别称】红葵、矮株龙葵。

与龙葵的主要区别在于：本变种为多分枝的匍匐草本，枝沿棱角具齿，茎、叶均疏被伏卧的卷曲毛；浆果球形，成熟时绿黄色。

中国分布于云南、四川、宁夏等地。欧洲广泛分布。

红果龙葵

3. 青杞

【别称】野茄子、野枸杞、蜀羊泉、白花变种、白英、单叶青杞。

【形态特征】

茎：茎具棱角，被白色弯卷短柔毛至近无毛。

叶：叶互生，卵形，先端钝，基部楔形，通常 7 裂；裂片卵状长圆形至披针形，全缘或具尖齿，两面均疏被短柔毛，中脉、侧脉及边缘毛较密。

花：二歧聚伞花序，顶生或腋外生，具微柔毛或近无毛，花梗纤细；花冠青紫色，花冠筒隐于萼内。

果：浆果近球形，成熟时红色。种子扁圆形。

【生态习性】

生物学特性：一年生直立草本。花期5—6 月，果期7—8 月。

分布：中国分布于黑龙江、吉林、辽宁、内蒙古、新疆、甘肃、宁夏、河北、山西、陕西、山东、河南、安徽、江苏及四川等省区。

生境：喜生于海拔 300~2 500 m 的村边荒地及田边。

青杞

（三）天仙子属

天仙子属为一年生、二年生或多年生直立草本。本属有 6 种，分布于地中海地区到亚洲东部。中国有 3 种，产于北部和西南部，华东有栽培。

天仙子

【别称】米罐子、克来名多那、苯格哈兰特、马铃草、黑莨菪、牙痛草、牙痛子、莨菪、骆驼籽、小天仙子。

【形态特征】

茎：一年生的茎极短，全体被黏性腺毛。

叶：茎生叶卵形或三角状卵形，顶端钝或渐尖，无叶柄，基部半抱茎或宽楔形，边缘羽状浅裂或深裂，茎顶端的叶浅波状；裂片多为三角形，顶端钝或锐尖，两面除生黏性腺毛外，沿叶脉并生有柔毛，长 4~10 cm，宽 2~6 cm。

花：花在茎中部以下者单生于叶腋，在茎上端者单生于苞状叶腋内聚集成蝎尾式总状花序；花萼筒状钟形，花冠钟状，长约为花萼的 1 倍，黄色，脉纹紫堇色。

果：蒴果包藏于宿存萼内，长卵圆形。种子近圆盘形，淡黄棕色。

【生态习性】

生物学特性：一年生或二年生草本。花期 5—8 月，果期 7—9 月。

分布：中国分布于华北、西北及西南，华东有栽培或逸为野生。蒙古、俄罗

天仙子

斯、印度，欧洲有分布。

生境：常生于山坡、路旁及河岸沙地。

八、锦葵科

锦葵科约有 50 属、1 000 种，分布于热带至温带地区。中国有 16 属、81 种和 36 变种或变型，产于中国各地，以热带和亚热带地区种类较多。

（一）苘麻属

苘麻属约有 150 种，分布于热带和亚热带地区。中国产 9 种（包括栽培种），分布于南北各省区。

苘麻

【别称】苘、车轮草、磨盘草、桐麻、白麻、青麻、孔麻、塘麻、椿麻。

苘麻

【形态特征】

茎：株高 1~2 m，茎直立，茎、枝被柔毛。

叶：叶互生，圆心形，长 5~10 cm，先端长渐尖，基部心形，具细圆锯齿，两面密被星状柔毛；叶柄长 3~12 cm，被星状柔毛；托叶披针形，早落。

花：花单生于叶腋；花梗长 1~13 cm，被柔毛，近顶端具节；花黄色，花瓣倒卵形。

果：蒴果半球形。种子肾形，黑褐色，被星状柔毛。

【生态习性】

生物学特性：一年生草本。花期 6—7 月，果期 8—9 月。

分布：中国除青藏高原外，其他地区均有分布，东北各地有栽培。越南、印度、日本，欧洲、北美洲等地有分布。

生境：原为栽培植物，后逸为野生，常见于路旁、荒地和田野。

（二）木槿属

木槿属约有 200 种，分布于热带和亚热带地区。中国有 24 种和 16 变种或变型（包括栽培种），分布于南北各地。

野西瓜苗

【别称】火炮草、黑芝麻、小秋葵、灯笼花、香铃草。

【形态特征】

茎：株高 25~70 cm，茎柔软，直立或平卧，被白色星状粗毛。

叶：叶二型，下部的叶圆形，不分裂，上部的叶掌状 3~5 深裂，直径 3~6 cm；中裂片较长，两侧裂片较短，裂片倒卵形至长圆形，通常羽状全裂，上面疏被粗硬毛或无毛，下面疏被星状粗刺毛。

花：花单生于叶腋，花梗长约 2.5 cm；花萼钟形，淡绿色，具紫色纵条纹；花冠淡黄色，内面基部紫色。

果：蒴果长圆状球形。种子肾形，黑色。

【生态习性】

生物学特性：一年生草本。5—6 月出苗，花果期 7—8 月。种子繁殖。

野西瓜苗

分布：原产于非洲中部，中国和世界各地广泛分布。

生境：生于山野或田埂，是田间常见杂草。

（三）锦葵属

锦葵属约有 30 种，分布于亚洲、欧洲和非洲北部。中国有 4 种，产于南北各地。供观赏或药用，嫩叶可食用。

1. 野葵

【别称】冬苋菜、棋盘叶、巴巴叶、把把叶、芪菜、菁葵叶、土黄芪、棋盘菜、旋葵、菟葵、北锦葵。

【形态特征】

茎：株高 50~100 cm，茎干被星状长柔毛。

叶：叶肾形或圆形，直径 5~11 cm，通常掌状 5~7 裂；裂片三角形，具钝尖头；叶柄长 2~8 cm，近无毛，上面槽内被绒毛；托叶卵状披针形。

花：多朵簇生于叶腋；花冠长稍微超过萼片，花冠白色或淡红色。

果：果扁球形，背面无毛。种子肾形，无毛，紫褐色。

【生态习性】

生物学特性：二年生草本。花期5—9月。

分布：中国分布于各省区。朝鲜、印度、缅甸、锡金、埃及、埃塞俄比亚，欧洲等地有分布。

生境：不论是平原还是山野，均有野生。

野葵

2. 圆叶锦葵

【别称】烧饼花、托盘果、金爬齿、野锦葵。

【形态特征】

茎：株高25~50 cm，分枝多而常匍匐，被粗毛。

叶：叶肾形，长1~3 cm，宽1~4 cm，基部心形，边缘具细圆齿，偶为5~7浅裂，上面疏被长柔毛，下面疏被星状柔毛。

花：花通常3~4朵簇生于叶腋，偶尔单生于茎基部，花梗不等长。花白色至浅粉红色。

果：果扁圆形。种子肾形，被网纹或无网纹。

【生态习性】

生物学特性：多年生草本。花果期5—9月。种子繁殖。

分布：中国分布于河北、山东、河南、山西、陕西、甘肃、新疆、西藏、四川、贵州、云南、江苏和安徽等省区。欧洲和亚洲有分布。

生境：耐干旱，多生于荒野、路旁和草坡，为旱作物地一般性杂草。

圆叶锦葵

九、菖蒲科

菖蒲科有1属2种，分布于北温带至亚洲热带，欧洲引种栽培。

菖蒲属

菖蒲属为多年生常绿草本，有4种，分布于北温带至亚洲热带，中国均有。

菖蒲

【别称】 臭草、大菖蒲、剑菖蒲、家菖蒲、土菖蒲、大叶菖蒲、剑叶菖蒲、水菖蒲、白菖蒲、十香和、凌水挡、水剑草、山菖蒲、石菖蒲、野枇杷、溪菖蒲、臭菖蒲、野菖蒲、香蒲、泥菖蒲、臭蒲、细根菖蒲。

【形态特征】

茎：根茎横走，稍扁，分枝，直径 0.5~1 cm，外皮黄褐色，芳香。

叶：叶基生，基部两侧膜质叶鞘宽 4~5 mm，向上渐窄；叶片剑状线形，长 90~100 cm，基部宽、对褶，中部以上渐狭，草质，绿色，光亮。

花：花序梗三棱形，长 40~50 cm；肉穗花序斜上或近直立，圆柱形；花黄绿色。

果：浆果长圆形，成熟时红色。

【生态习性】

生物学特性：多年生草本。花期 6—9 月。以根茎和种子繁殖。

分布：中国分布于各省区。温带、亚热带地区有分布。

生境：生于海拔 2 600 m 以下水分较多的地方，为一般性杂草。

菖蒲

十、花蔺科

花蔺科有 4 属、13 种，分布于美洲、亚洲、非洲和欧洲，主产于美洲热带。中国有 3 属、3 种，产于北部省区和云南。

花蔺属

花蔺属仅 1 种，产于中国长江以北各省区，分布于亚洲、欧洲和非洲南部。

花蔺

【形态特征】

茎：根茎横走或斜升，节生多数须根。

叶：叶基生，上部叶伸出水面，三棱状条形，长 30~120 cm，宽 3~10 mm，无柄，先端渐尖，基部扩大成鞘状，鞘缘膜质。

花：花葶圆柱形，伞形花序顶生，具多花；花两性，花柄长 4~10 cm；花被片外轮较小，萼片状，绿色而稍带红色，内轮较大，花瓣状，粉红色。

果：蓇葖果成熟时沿腹缝线开裂，顶端具长喙。种子多数，细小。

【生态习性】

生物学特性：多年生水生草本。花果期 7—9 月。种子繁殖。

分布：中国分布于黑龙江、吉林、辽宁、内蒙古、河北、山西、陕西、宁夏、新疆、山东、江苏、河南、湖北等省区。亚洲、欧洲有分布。

生境：适生于沼泽、池塘、河边浅水及水稻田中，为一般性杂草。

花蔺

十一、毛茛科

毛茛科为多年生或一年生草本，少有灌木或木质藤本。本科约有 50 属，2 000 余种，分布在世界各大洲，主要分布于北半球温带和寒温带。中国有 42 属（包含引种的 1 属，黑种草属），约 720 种，各地广泛分布。

（一）碱毛茛属

碱毛茛属为多年生草本，生于盐碱化沼泽草地。本属有 7 种，分布于寒温带和热带高山地区。中国有 5 种，分布于西北、华北、东北及西藏、四川。

碱毛茛

【别称】圆叶碱毛茛、水葫芦苗。

【形态特征】

茎：匍匐茎细长，横走。

叶：叶多数。叶片纸质，多近圆形，或肾形、宽卵形，长 0.5~2.5 cm，宽稍大于长，基部圆心形、截形或宽楔形，边缘有 3~7 圆齿，有时 3~5 裂，无毛；叶柄长 2~12 cm，稍有毛。

花：花葶 1~4 个，高 5~15 cm，无毛；苞片线形，花小；萼片绿色，卵形，无

碱毛茛

毛，反折。

果：聚合果椭圆形或球形；瘦果小而多，斜倒卵形。

【生态习性】

生物学特性：多年生草本。花果期5—9月。以种子及匍匐茎繁殖。

分布：中国分布于黑龙江、吉林、辽宁、新疆、西藏、四川西北部、内蒙古、山西、河北、山东、陕西、甘肃、宁夏、青海等地区。亚洲和北美洲温带地区广泛分布。

生境：适生于盐碱地，常生于海边或河边盐碱化沼泽或湿草地上，在含盐碱的水稻田边及旱作农田可见，危害轻。

（二）毛茛属

毛茛属约有400种，广泛分布于寒温带，多数分布于亚洲和欧洲。中国有78种、9变种，各地广泛分布，多数种分布于西北和西南高山地区。

茴茴蒜

【形态特征】

茎：株高20~70 cm，茎直立，粗壮，中空，有纵条纹，分枝多，与叶柄均密生开展的淡黄色糙毛。

叶：基生叶与下部叶有长达12 cm的叶柄，为三出复叶，叶片宽卵形至三角形，小叶2~3深裂，裂片倒披针状楔形；上部叶较小，叶片3全裂。

花：花序有较多疏生的花，花梗贴生糙毛；萼片狭卵形，外面生柔毛；花瓣宽卵圆形，黄色或上面白色。

果：聚合果长圆形；瘦果扁平，无毛。

【生态习性】

生物学特性：一年生草本。花果期5—9月。

分布：中国分布于黑龙江、吉林、辽宁、河北、山西、河南、山东、陕西、甘肃、青海、宁夏、新疆、西藏、云南、四川、内蒙古、江西等省区。印度、朝鲜、日本及俄罗斯有分布。

生境：生于海拔700~2 500 m的溪边、田边的湿草地。

茴茴蒜

十二、十字花科

十字花科有 300 属以上，约 3 200 种。中国有 95 属、425 种、124 变种和 9 变型。主要产地为北温带，尤以地中海地区分布较多。中国各地均有分布，以西南、西北、东北高山地区及丘陵地带为多，平原及沿海地区较少。

（一）荠属

荠属为一年生或二年生草本，有 5 种，分布于地中海地区、欧洲及西亚。中国有 1 种，各地广泛分布。

1. 荠

【别称】地米菜、芥、荠菜。

【形态特征】

茎：株高 10~50 cm，无毛，有单毛或分叉毛；茎直立，单一或从下部分枝。

叶：基生叶丛生呈莲座状，大头羽状分裂，长可达 12 cm，宽可达 2.5 cm；茎生叶窄披针形或披针形，长 5~6.5 mm，宽 2~15 mm，基部箭形，抱茎，边缘有缺刻或锯齿。

花：总状花序顶生及腋生，萼片长圆形；花瓣白色，卵形，有短爪。

果：短角果倒三角形或倒心状三角形。种子 2 行，长椭圆形，浅褐色。

【生态习性】

生物学特性：一年生或二年生草本。花果期 4—6 月。种子繁殖。

分布：几乎遍布中国。温带地区广泛分布。

生境：野生，偶有栽培。适生于较湿润而肥沃的土壤，亦耐干旱。

荠

2. 碎米荠

【形态特征】

茎：株高 15~35 cm，茎直立或斜升，分枝或不分枝，下部有时淡紫色，被较密柔毛，上部毛渐少。

叶：基生叶具叶柄，有小叶 2~5 对，顶生小叶肾形或肾圆形，边缘有 3~5 圆齿；茎生叶具短柄，有小叶 3~6 对，生于茎下部的小叶与基生叶相似，生于茎上部的顶生小叶菱状长卵形，顶端 3 齿裂，全部小叶两面稍有毛。

花：总状花序生于枝顶，花小；花萼绿色或淡紫色，长椭圆形；花瓣白色，倒卵形。

果：长角果线形，稍扁，无毛。种子椭圆形，顶端有的具明显的翅。

【生态习性】

生物学特性：一年生小草本。花期 5—8 月，果期 6—9 月。

分布：几乎遍布中国。温带地区广泛分布。

生境：多生于海拔 1 000 m 以下的山坡、路旁、荒地及耕地的草丛中。

碎米荠

（二）蔊菜属

蔊菜属为一年生至多年生草本，约有 90 种，广泛分布于北半球温暖地区。中国有 9 种，南北各地均有分布。

沼生蔊菜

【形态特征】

茎：株高 20~50 cm，茎直立，单一或分枝，具棱，下部常带紫色。

叶：基生叶多数有柄，羽状深裂或大头羽状分裂，长圆形或窄长圆形，长 5~10 cm，宽 1~3 cm，裂片 3~7 对；茎生叶向上渐小，近无柄，羽状深裂或具齿，基部耳状抱茎。

花：总状花序顶生或腋生，花小，多数，黄色或淡黄色。

果：短角果椭圆形，有时稍弯曲。种子褐色，近卵圆形。

【生态习性】

生物学特性：一年生或二年生草本。花期 4—7 月，果期 6—8 月。种子繁殖。

分布：中国分布于东北、华北、西北以及安徽、江苏、湖南、贵州、云南等地。

沼生蔊菜

北半球温暖地区均有分布。本种是广布种，随环境和地区不同而在叶形和果实大小上变化较大。

生境：适生于潮湿环境或近水处、溪岸、路旁、田边、山坡草地及草场。

（三）独行菜属

独行菜属为一年生至多年生草本或半灌木，约有 150 种，全世界广泛分布。中国有 15 种、1 变种，南北各地均有分布。

1. 独行菜

【别称】腺茎独行菜、辣辣菜、拉拉罐、拉拉罐子、昌古、辣辣根、羊拉拉、小辣辣、羊辣罐、辣麻麻。

【形态特征】

茎：株高 5~30 cm，茎直立，有分枝，无毛或具微小头状毛。

叶：基生叶窄匙形，一回羽状浅裂或深裂，长 3~5 cm，宽 1~1.5 cm；叶柄长 1~2 cm；茎上部叶线形，有疏齿或全缘。

花：总状花序，萼片卵形，早落，外面有柔毛。

独行菜

果：短角果近圆形或宽椭圆形。种子椭圆形，红棕色。

【生态习性】

生物学特性：一年生或二年生草本。花期5—8月，果期6—9月。种子繁殖。

分布：中国分布于东北、华北、西北、西南及江苏、浙江、安徽。俄罗斯、亚洲东部及中部、喜马拉雅地区有分布。

生境：生于海拔400~2 000 m的山坡、山沟、路旁和村庄附近，为果园、麦田和路埂常见杂草，发生量小，对麦田危害较重。

2. 宽叶独行菜

【别称】 光果宽叶独行菜。

【形态特征】

茎：株高30~150 cm，茎直立，上部多分枝，基部稍木质化，无毛或疏生单毛。

叶：基生叶及茎下部叶长圆状披针形或卵形，顶端急尖或圆钝，基部楔形，全缘或有齿，两面有柔毛；茎上部叶披针形或长椭圆形，无柄。

花：总状花序圆锥状，花梗无毛；萼片早落，长圆状卵形或近圆形；花瓣白色，倒卵形。

宽叶独行菜

果：短角果宽卵形或近圆形。种子宽椭圆形，长约 1 mm，浅棕色。

【生态习性】

生物学特性：多年生草本。花期5—7月，果期7—9月。种子繁殖。

分布：分布于内蒙古、宁夏、西藏等省区。欧洲南部、非洲北部、亚洲西部及中部等有分布。

生境：生于村旁、田边、山坡及盐化草甸，为一般性杂草，对农田危害轻。

（四）播娘蒿属

播娘蒿属为一年生草本，有40多种，主产于北美洲，少数产于亚洲、欧洲、非洲南部。据文献记载，中国有2种，仅见1种。

播娘蒿

【别称】腺毛播娘蒿。

【形态特征】

茎：株高 20~80 cm，茎直立，分枝多，下部常呈淡紫色。

播娘蒿

叶：叶 3 回羽状深裂，长 2~12 cm，末端裂片条形或长圆形，裂片长 3~5 mm，宽 0.8~1.5 mm，下部叶具柄，上部叶无柄。

花：花序伞房状，萼片直立，早落，长圆条形，背面有分叉细柔毛；花瓣黄色，长圆状倒卵形。

果：长角果圆筒形。种子长圆形，稍扁，淡红褐色。

【生态习性】

生物学特性：一年生草本。花果期 4—6 月。种子繁殖。

分布：中国除华南外，其他地区均有分布。亚洲、欧洲、非洲及北美洲均有分布。

生境：适生于较湿润的环境，生于山坡、田野、农田及路边。

（五）芝麻菜属

芝麻菜属为一年生或多年生草本，有 5 种，分布于欧洲及亚洲西部。中国有 1 种及1 变种。

芝麻菜

【别称】臭芸芥、芸芥、绵果芝麻菜。

【形态特征】

茎：株高 20~90 cm，茎直立，上部常分枝，疏生硬长毛或近无毛。

叶：基生叶及下部叶大头羽状分裂或不裂，长 4~7 cm，宽 2~3 cm，顶裂片近圆形或短卵形，有细齿，侧裂片卵形或三角状卵形，全缘，仅下面脉上疏生柔毛；上部叶无柄，具 1~3 对裂片，顶裂片卵形，侧裂片长圆形。

花：总状花序有多数疏生花；萼片长圆形，带棕紫色；花瓣黄色，后变白色，有紫纹，短倒卵形。

果：长角果圆柱形，果瓣无毛。种子近球形或卵形，棕色，有棱角。

【生态习性】

生物学特性：一年生草本。花期 5—6 月，果期 7—8 月。种子繁殖。

分布：中国分布于黑龙江、辽宁、内蒙古、河北、山西、陕西、甘肃、宁夏、青海、新疆、四川。欧洲北部、亚洲西部及北部、非洲西北部等地有分布。

生境：生于沟渠、路边等，为旱作物地常见杂草，属一般性杂草，危害不严重。

芝麻菜

（六）葶苈属

葶苈属约有 300 种，主要分布在北半球北部高山地区。中国有 54 种、25 变种及 3 变型，主要分布在西南、西北高山地区。

葶苈

【别称】光果葶苈。

【形态特征】

茎：株高 5~45 cm，茎直立，单一或分枝，疏生叶片或无叶片，但分枝茎有叶片；下部密生单毛、叉状毛和星状毛，上部渐稀至无毛。

叶：基生叶莲座状，长倒卵形，顶端稍钝，边缘有疏细齿或近全缘；茎生叶长卵形或卵形，顶端尖，基部楔形或渐圆，边缘有细齿，无柄，上面被单毛和叉状毛，下面以星状毛为多。

花：总状花序，密集成伞房状；花瓣黄色，花期后白色。

果：短角果长圆形或长椭圆形。种子椭圆形，褐色，种皮有小疣。

【生态习性】

生物学特性：一年生或二年生草本。花期4—5月，果期5—6月。

分布：中国分布于东北、华北、西北及江苏、浙江、四川、西藏。北温带其他地区有分布。

生境：生于田边、路旁、山坡草地及河谷湿地。

葶苈

（七）沙芥属

沙芥属为一年生或二年生草本，有5种，分布在中国及蒙古。中国有4种、1变种。

斧翅沙芥

【别称】距果沙芥、鸡冠沙芥。

【形态特征】

茎：株高60~100 cm，全株无毛；茎直立，多数缠结成球形，直径50~100 cm。

叶：茎下部叶二回羽状全裂至深裂，长7~12 cm，裂片线形或线状披针形，顶端急尖；茎中部叶一回羽状全裂，长5~12 cm，裂片5~7枚，窄线形，长1~4 cm，宽1~3 mm，边缘稍内卷；茎上部叶丝状线形，长 3~5 cm，宽约 1 mm，全缘，稍内卷，无叶柄。

花：总状花序顶生，有时组成圆锥花序；花瓣浅紫色，线形或线状披针形。

果：短角果近扁椭圆形，两侧翅大小不等。

【生态习性】

生物学特性：一年生草本。花果期6—8 月。

分布：中国分布于内蒙古、陕西、甘肃、宁夏等地。蒙古有分布。

生境：生于荒漠及半荒漠的沙地。

斧翅沙芥

（八）芸薹属

芸薹属为一年生、二年生或多年生草木，无毛或有单毛；根细或呈块状。本属约有 40 种，多分布在地中海地区。中国有 14 栽培种、11 变种及 1 变型。

芥菜

【别称】 刈菜、紫夜雪里蕻、盖菜、凤尾菜、排菜、苦芥、大叶芥菜、皱叶芥菜、多裂叶芥、油芥菜、雪里蕻。

【形态特征】

茎：株高 30~150 cm，常无毛，有时幼茎及叶具刺毛，带粉霜，有辣味；茎直立，有分枝。

叶：基生叶宽卵形至倒卵形，长 15~35 cm，顶端圆钝，基部楔形，大头羽裂，具 2~3 对裂片或不裂，边缘均有缺刻或锯齿，叶柄长 3~9 cm，具小裂片；茎下部叶较小，边缘有缺刻或锯齿；茎上部叶窄披针形，边缘具不明显疏齿或全缘。

花：总状花序顶生，萼片淡黄色，长圆状椭圆形，直立开展；花瓣倒卵形，黄色。

果：长角果线形。种子球形，直径约 1 mm，紫褐色。

芥菜

【生态习性】

生物学特性：一年生草本。花期4—5月，果期5—6月。

分布：中国各地均栽培。

十三、豆科

豆科为乔木、灌木、亚灌木或草本，直立或攀缘，常有能固氮的根瘤。本科约有650属、18 000种，广泛分布于全世界。中国有172属、1 485种、13亚种、153变种、16变型，各省区均有分布。豆科具有重要的经济意义，是人类食品中淀粉、蛋白质、油和蔬菜的重要来源之一。

（一）苦参属

苦参属原称槐属，为灌木或小乔木，很少为草本。本属目前已知约有70种，广泛分布于热带至温带地区。中国有21种、14变种、2变型，主要分布在西南、华南和华东，少数种分布到华北、西北和东北。

1. 苦豆子

【形态特征】

茎：株高约1 m。枝被白色或淡灰白色长柔毛或贴伏柔毛。

叶：羽状复叶，叶柄长1~2 cm；小叶7~13对，对生或近互生，纸质，披针状长圆形或椭圆状长圆形，长15~30 mm，宽约10 mm，先端钝圆或急尖，常具小尖头，基部宽楔形或圆形，上面被疏柔毛，下面毛较密，中脉上面常凹陷，下面隆起，侧脉不明显。

花：总状花序顶生，花多数，密生，花梗长3~5 mm；花萼斜钟状，5萼齿明显，不等大，三角状卵形；花冠白色或淡黄色，旗瓣形状多变，通常为长圆状倒披针形。

果：荚果串珠状。种子卵圆形，直而稍扁，褐色或黄褐色。

【生态习性】

生物学特性：草本，或基部木质化而呈亚灌木状。花期5—6月，果期7—8月。以根芽和种子繁殖。

分布：中国分布于山西、陕西、宁夏、甘肃、青海、新疆、西藏、河南等省区。俄罗斯、阿富汗、伊朗、土耳其、巴基斯坦和印度北部等地有分布。

生境：多生于干旱沙漠和草原边缘。

苦豆子

2. 苦参

【**别称**】野槐、山槐、白茎地骨、地槐、牛参、好汉拔。

【**形态特征**】

茎：株高 1 m 左右，稀达 2 m，茎具纹棱，幼时疏被柔毛，后无毛。

叶：羽状复叶长达 25 cm；托叶披针状线形，渐尖，长 6~8 mm；小叶 6~12 对，互生或近对生，纸质，椭圆形、卵形、披针形至披针状线形，长 3~4 cm，宽 1.2~2 cm，先端钝或急尖，基部宽楔形或浅心形，上面无毛，下面疏被灰白色短柔毛或近无毛。

花：总状花序顶生，长 15~25 cm；花多数，疏或稍密，花梗纤细，苞片线形；花萼钟状，明显歪斜，疏被短柔毛；花冠比花萼长 1 倍，白色或淡黄白色，旗瓣倒卵状匙形。

果：荚果长 5~10 cm，呈不明显串珠状。种子长卵形，深红褐色或紫褐色。

【生态习性】

生物学特性：草本或亚灌木。花期 6—8 月，果期 7—9 月。种子繁殖。

分布：中国分布于南北各地。印度、日本、朝鲜、俄罗斯西伯利亚地区有分布。

生境：生于海拔 1 500 m 以下的沙地、草坡、灌木丛或田野附近。

苦参

（二）苦马豆属

苦马豆属为半灌木或多年生草本，无毛或被灰白色毛。本属有 2 种，主要分布于亚洲。中国产 1 种。

苦马豆

【别称】羊吹泡、红花苦豆子、苦黑子、红苦豆、爆竹花、红花土豆子、羊萝泡、羊尿泡、鸦食花、泡泡豆。

【形态特征】

茎：株高 30~60 cm，茎直立或下部匍匐；枝开展，具纵棱脊，被或疏或密的白色丁字毛。

叶：羽状复叶有小叶 11~21 片，小叶倒卵形或倒卵状长圆形，长 5~15 mm，宽 3~6 mm，先端微凹至圆，具短尖头，基部圆形至宽楔形，上面疏被毛或无毛，下面被细小、白色丁字毛；小叶柄短，被白色细柔毛。

花：总状花序常较叶长，有 6~16 朵小花；花萼钟状，萼齿三角形，被白色柔毛；花冠初时鲜红色，后变紫红色，旗瓣近圆形，向外反折。

果：荚果椭圆形或卵圆形。种子肾形至近半圆形，褐色。

【生态习性】

生物学特性：半灌木或多年生草本。花期 5—8 月，果期 6—9 月。以种子和根芽繁殖。

分布：中国分布于吉林、辽宁、内蒙古、河北、山西、陕西、宁夏、甘肃、青海、新疆等省区。蒙古、俄罗斯西伯利亚地区有分布。

生境：较耐干旱，生于山坡、草原、荒地、沙滩、戈壁绿洲、沟渠边等处。

苦马豆

（三）草木樨属

草木樨属为一年生、二年生或短期多年生草本。本属有 20 余种，分布于欧洲地中海地区、东欧和亚洲。其中有关饲料或药用种类，世界各地均有引种。中国有 4 种、1 亚种。

1. 草木樨

【别称】黄香草木樨、辟汗草、黄花草木樨。

【形态特征】

茎：株高 40~100 cm，茎直立，粗壮，多分枝，具纵棱，微被柔毛。

叶：羽状三出复叶；托叶镰状线形，长 3~5 mm，中央有 1 条脉纹，全缘或基部有 1 尖齿；叶柄细长；小叶倒卵形、阔卵形、倒披针形至线形，长 15~25 mm，宽5~15 mm，先端钝圆或截形。

花：总状花序长 6~15 cm，腋生，具花 30~70 朵，初时稠密，花开后渐疏松，苞片刺毛状；花冠黄色，旗瓣倒卵形。

果：荚果卵形，棕黑色，有种子 1~2 粒。种子卵形，黄褐色，平滑。

【生态习性】

生物学特性：二年生草本。花期 5—8 月，果期 6—9 月。

分布：中国分布于东北、华南、西南各地，其他地区常见栽培。欧洲地中海东岸、中东地区、中亚、东亚有分布。

生境：生于山坡、河岸、路旁、沙质草地及林缘。

草木樨

2. 白花草木樨

【形态特征】

茎：株高 70~200 cm，茎直立，圆柱形，中空，多分枝，几无毛。

叶：羽状三出复叶；托叶尖刺状锥形，长 6~10 mm，全缘；叶柄比小叶短；小叶长圆形或倒披针状长圆形，长 15~30 cm，宽 6~12 mm，边缘疏生浅锯齿，顶生小叶稍大，具较长叶柄。

花：总状花序长 9~20 cm，腋生，具花 40~100 朵，排列疏松，花冠白色。

果：荚果椭圆形至长圆形。种子卵形，棕色。

【生态习性】

生物学特性：一年生、二年生草本。花期 5—7 月，果期 7—9 月。

白花草木樨

分布：分布于东北、华北、西北及西南各地。欧洲地中海沿岸、中东地区、西南亚、中亚及西伯利亚地区有分布。

生境：生于田边、路旁、荒地及湿润的沙地。

（四）黄芪属

黄芪属为草本，稀为小灌木或半灌木，通常具单毛或丁字毛，稀无毛。本属有11亚属，约2 000种，主要分布于亚洲、欧洲、南美洲及非洲，稀见于北美洲和大洋洲。中国有8亚属、278种、2亚种、35变种和2变型，南北各地均产，但主要分布于西南、西北和东北等地。

1. 斜茎黄芪

【别称】沙打旺、直立黄芪、地丁、马拌肠、漠北黄芪。

【形态特征】

根：根较粗壮，暗褐色，有时有长主根。

茎：株高20~100 cm，茎丛生，直立或斜上，有毛或近无毛。

叶：羽状复叶有9~25片小叶，叶柄较叶轴短；托叶三角形，渐尖，基部稍合生或有时分离；小叶长圆形、近椭圆形或狭长圆形，长10~25 mm，宽2~8 mm，基部圆形或近圆形，有时稍尖，上面疏被贴伏毛，下面较密。

花：总状花序长圆柱形、穗状，稀近头状，花多数，排列密集，有时较稀疏；总花梗生于茎上部，较叶长或与叶等长，花梗极短；花冠近蓝色或红紫色。

果：荚果长圆形，两侧稍扁，被黑色、褐色或白色混生毛。

【生态习性】

生物学特性：多年生草本。花期6—8月，果期8—9月。种子繁殖。

分布：中国分布于东北、华北、西北、西南地区。俄罗斯、蒙古、日本、朝鲜，北美洲温带地区有分布。

生境：生于向阳山坡灌丛及林缘。

斜茎黄芪

2. 草木樨状黄芪

【形态特征】

茎：株高 30~50 cm，茎直立或斜升，多分枝，具条棱，被白色短柔毛或近无毛。

茎：羽状复叶有 5~7 片小叶，长 1~3 cm，叶柄与叶轴近等长；小叶长圆状楔形或线状长圆形，长 7~20 mm，宽 1.5~3 mm，具极短的柄，两面均被白色贴伏细柔毛。

花：总状花序生多数花，稀疏，总花梗远较叶长；花冠白色或带粉红色。

果：荚果宽倒卵状球形或椭圆形。种子肾形，暗褐色。

【生态习性】

生物学特性：多年生草本。花期7—8月，果期8—9月。

分布：中国分布于长江以北各省区。俄罗斯、蒙古有分布。

生境：生于向阳山坡、路旁草地或草甸草地。

草木樨状黄芪

（五）苜蓿属

苜蓿属约有70种，分布于地中海地区、西南亚、中亚和非洲。中国有13种、1变种。本属多系重要的饲料植物，世界各地广泛引种栽培。

1. 野苜蓿

【形态特征】

茎：株高40~100 cm；主根粗壮，木质，须根发达；茎平卧或上升，圆柱形，多分枝。

叶：羽状三出复叶，托叶披针形至线状披针形，先端长渐尖，基部戟形，全缘或稍具锯齿，脉纹明显；叶柄细，比小叶短；小叶倒卵形至线状倒披针形，先端近圆形，顶生小叶稍大。

花：花序短总状，长 1~2 cm，具花 6~20 朵；总花梗腋生，与叶等长或稍长；花冠黄色。

果：荚果镰形。种子卵状椭圆形，黄褐色。

【生态习性】

生物学特性：多年生草本。花期 6—8 月，果期 7—9 月。

分布：分布于东北、华北、西北各地。欧洲盛产，蒙古、伊朗等国有分布。世界各国均有引种栽培。

生境：生于沙质偏旱耕地、山坡、草原及河岸杂草丛中。

野苜蓿

2. 紫苜蓿

【形态特征】

茎：株高 30~100 cm；根粗壮，深入土层，根茎发达；茎直立、丛生以至平卧，四棱形，无毛或微被柔毛。

叶：羽状三出复叶；托叶大，卵状披针形，先端锐尖，基部全缘或具 1~2 齿裂；小叶长卵形、倒长卵形至线状卵形，等大，或顶生小叶稍大，长 10~25 mm，宽 3~10 mm，上面无毛，深绿色，下面被贴伏柔毛，侧脉 8~10 对。

花：花序总状或头状，具花 5~30 朵，总花梗挺直，比叶长；花冠淡黄色、深蓝色至暗紫色。

果：荚果螺旋状紧卷 2~4 圈，成熟时棕色。种子卵形，黄色或棕色。

【生态习性】

生物学特性：多年生草本。花期 5—7 月，果期 6—8 月。

分布：中国各地均有栽培或呈半野生状态，世界各国广泛种植为饲草与牧草。

生境：生于田边、路旁、旷野、草原、河岸及沟谷等处。

紫苜蓿

（六）野决明属

野决明属有 25 种，产于北美洲，俄罗斯西伯利亚地区、朝鲜、日本、蒙古，中亚细亚，中国北部、西北部、西南部。中国有 12 种、1 变种。

披针叶野决明

【别称】牧马豆、披针叶黄华、东方野决明。

【形态特征】

茎：株高 20~40 cm，茎直立，分枝或单一，具沟棱，被黄白色贴伏或伸展柔毛。

叶：小叶 3 片，叶柄短，长 3~8 mm；托叶卵状披针形，先端渐尖，基部楔形，长 1.5~3 cm，宽 4~10 mm；小叶狭长圆形、倒披针形，长 2.5~7.5 cm，宽 5~16 mm，上面通常无毛，下面多少被贴伏柔毛。

花：总状花序顶生，长 6~17 cm，具花 2~6 轮，排列疏松；花冠黄色，旗瓣近圆形。

果：荚果线形，黄褐色，有种子 6~14 粒。种子圆肾形，黑褐色，具灰色蜡层。

【生态习性】

生物学特性：多年生草本，植株有毒。花期 5—7 月，果期 6—8 月。

披针叶野决明

分布：中国分布于内蒙古、河北、山西、陕西、宁夏、甘肃等省区。蒙古、哈萨克斯坦、乌兹别克斯坦、土库曼斯坦、吉尔吉斯斯坦和塔吉克斯坦有分布。

生境：生于草原、沙丘、河岸和砾滩。

（七）野豌豆属

野豌豆属为一年生、二年生或多年生草本。本属约有 200 种，产于北半球温带至南美洲温带和东非，但以地中海地区为中心。中国有 43 种、5 变种，广泛分布于各省区，西北、华北、西南较多。

本属植物世界各国广泛栽培，为优良牧草、早春蜜源植物或水土保持植物；有些种类嫩时可食，有些种类为民间草药；少数种类花果期有毒。

大花野豌豆

【别称】野豌豆、毛苕子、老豆蔓、三齿草藤、山豌豆、三齿野豌豆、三齿萼野豌豆、山黧豆。

大花野豌豆

【形态特征】

茎：株高 15~40 cm，茎有棱，多分枝，近无毛。

叶：偶数羽状复叶，顶端卷须，有分枝；托叶半箭头形，有锯齿；小叶 3~5 对，长圆形或狭倒卵状长圆形，长 1~2.5 cm，宽 0.2~0.8 cm，先端平截，微凹，稀齿状，上面叶脉不甚清晰，下面叶脉明显，被疏柔毛。

花：总状花序长于叶或与叶近等长，具花 2~4 朵，着生于花序轴顶端；萼钟形，花冠红紫色或金蓝紫色。

果：荚果扁长圆形。种子球形。

【生态习性】

生物学特性：一年生、二年生缠绕或匍匐草本。花期5—6月，果期7—8月。

分布：中国分布于东北、华北、西北、西南及山东、江苏、安徽等地。

生境：生于海拔 280~3 800 m 的山坡、山谷、草丛、田边及路旁。

（八）棘豆属

棘豆属为多年生草本、半灌木或矮灌木，稀垫状小半灌木。本属植物适应性强，分布较广，约有 300 种，主要分布于哈萨克斯坦、乌兹别克斯坦、土库曼斯坦、吉尔吉斯斯坦和塔吉克斯坦，东亚、欧洲、非洲和北美洲。中国有146 种、12 变种、3 变型，多分布于内蒙古和新疆的山地、荒漠和草原，也分布于青藏高原和西南横断山脉地区以及东北、华北等地。

二色棘豆

【别称】 人头草、地丁、猫爪花、地角儿苗、淡黄花鸡嘴嘴。

【形态特征】

茎：株高 5~20 cm，外倾，植株各部密被开展白色绢状长柔毛，淡灰色；茎缩短，簇生。

叶：奇数羽状复叶长 4~20 cm；托叶膜质，卵状披针形，与叶柄贴生；小叶7~17 轮（对），对生或 4 片轮生，线形、线状披针形、披针形，长 3~23 mm，宽1.5~6.5 mm，先端急尖，基部圆形，边缘常反卷，两面密被绢状长柔毛。

花：10~15 朵花组成或疏或密的总状花序，花葶与叶等长或稍长，直立或平卧；

花冠紫红色、蓝紫色，旗瓣菱状卵形。

果：荚果几革质，稍坚硬，卵状长圆形。种子宽肾形，暗褐色。

【生态习性】

生物学特性：多年生草本。花果期 5—9 月。

分布：中国分布于内蒙古、河北、河南、山西、陕西、宁夏、甘肃、青海等省区。蒙古东部有分布。

生境：生于海拔 180~2 500 m 的山坡、沙地、路旁及荒地。

二色棘豆

（九）驴食豆属

驴食豆属约有 120 种，主要分布于北非、西亚、中亚以及欧洲等地。中国有 2 野生种和 1 栽培种。

驴食豆

【别称】红羊草、红豆草、驴食草。

【形态特征】

茎：株高 40~80 cm，茎直立，中空，被向上贴伏的短柔毛。

叶：小叶 13~19 片，几无小叶柄；小叶片长圆状披针形或披针形，长 20~30 mm，宽 4~10 mm，上面无毛，下面被贴伏柔毛。

花：总状花序腋生，明显超出叶层；花多数，长 9~11 mm，具短花梗；花冠玫瑰紫色，旗瓣倒卵形。

果：荚果具 1 个节荚，节荚半圆形。

驴食豆

【生态习性】

生物学特性：多年生草本。花期6—7月，果期7—8月。

分布：中国华北、西北地区有栽培。主要分布于欧洲。

生境：生于山地草甸、林间空地和林缘等处。

十四、夹竹桃科

夹竹桃科为乔木、直立灌木或木质藤本，也有多年生草本。本科约有250属，2 000余种，主要分布于热带、亚热带地区，少数分布于温带地区。中国有46属、176种、33变种，主要分布于长江以南各省区及台湾等沿海岛屿，少数分布于北部及西北部。

（一）鹅绒藤属

鹅绒藤属约有200种，分布于非洲东部、地中海地区，欧亚大陆热带、亚热带及温带地区。中国有53种、12变种，主要分布于西南各省区，少数分布于西北及东北各省区。

鹅绒藤

【别称】祖子花。

【形态特征】

茎：长达4 m，全株被短柔毛。

叶：叶对生，薄纸质，宽三角状心形，长4~9 cm，宽4~7 cm，顶端锐尖，基部心形，上面深绿色，下面苍白色，两面均被短柔毛，侧脉约10对，在叶背略隆起。

花：伞形聚伞花序腋生，二歧分枝，着花约20朵；花冠白色，裂片长圆状披针形。

果：蓇葖果双生或仅有1个发育，细圆柱形。种子长圆形，种毛白色绢质。

【生态习性】

生物学特性：多年生草本。花期6—8月，果期7—9月。春季由根芽萌发，实生苗多在秋季出土。

分布：中国分布于辽宁、河北、河南、山东、山西、陕西、宁夏、甘肃、江苏、浙江等省区。

生境：喜生于山坡向阳灌木丛、田间、荒地或路旁、河畔、田埂边。

鹅绒藤

（二）罗布麻属

罗布麻属有 14 种，广泛分布于北美洲、欧洲及亚洲温带地区。中国产 1 种，分布于西北、华北、华东及东北地区。

罗布麻

【别称】茶叶花、野麻、泽漆麻、女儿茶、茶棵子、奶流、红麻、红花草、吉吉麻、羊肚拉角、牛茶、野茶、野务其干。

【形态特征】

茎：株高 1.5~3 m，最高可达 4 m，具乳汁；枝条对生或互生，圆筒形，光滑无毛，紫红色或淡红色。

叶：叶对生，仅在分枝处近对生，叶片椭圆状披针形至卵圆状长圆形，长1~5 cm，宽 0.5~1.5 cm，两面无毛。

花：圆锥状聚伞花序一至多歧，通常顶生，有时腋生；花冠圆筒状钟形，紫红色或粉红色。

果：蓇葖果长 8~20 cm。种子多数，卵圆状长圆形，黄褐色。

【生态习性】

生物学特性：直立半灌木。花期 6—7 月，果期 7—9 月。以种子或根茎繁殖。

　　分布：中国分布于新疆、青海、甘肃、陕西、宁夏、山西、河南、河北、江苏、山东、辽宁及内蒙古等省区。

　　生境：主要野生，生于盐碱荒地、沙漠边缘、河流两岸、冲积平原及戈壁荒滩上。现已有引种栽培。

罗布麻

十五、马齿苋科

　　马齿苋科为一年生或多年生草本，稀半灌木。本科有19属、580种，广泛分布于全世界，主产于南美洲。中国有2属、7种。

马齿苋属

　　马齿苋属约有200种，广泛分布于热带、亚热带至温带地区。中国有6种。

马齿苋

【别称】胖娃娃菜、猪肥菜、五行菜、酸菜、狮岳菜、猪母菜、蚂蚁菜、马蛇子菜、瓜米菜、马齿菜、蚂蚱菜、马苋菜、马齿草、麻绳菜、瓜子菜、五方草、长命菜、五行草、马苋、马耳菜。

【形态特征】

茎：茎平卧或斜倚，铺散，多分枝，圆柱形，长 10~15 cm，淡绿色或带暗红色。

叶：叶互生或近对生，扁平，肥厚，倒卵形，长 1~3 cm，全缘，上面暗绿色，下面淡绿色或带暗红色，叶柄粗短。

花：花无梗，常 3~5 朵簇生于枝顶，花瓣黄色。

马齿苋

果：蒴果卵球形，长约 5 mm。种子细小，多数，偏斜球形，黑褐色。

【生态习性】

生物学特性：一年生草本。花期 5—8 月，果期 6—9 月。种子繁殖。

分布：中国分布于南北各地。温带和热带地区广泛分布。

生境：喜肥沃土壤，耐旱，亦耐涝，生活力强，生于菜园、农田、路旁，为田间常见杂草。

十六、车前科

车前科为一年生、二年生或多年生草本，稀为小灌木，陆生、沼生，稀为水生。本科有 3 属，约 200 种，广泛分布于全世界。中国有 1 属、20 种，分布于南北各地。

（一）车前属

车前属有 190 余种，广泛分布于温带及热带地区，向北达北极圈附近。中国有 20 种，其中 2 种为外来入侵杂草，1 种为引种栽培及归化植物。

1. 车前

【别称】蛤蟆草、饭匙草、车轱辘菜、蛤蟆叶、猪耳朵。

【形态特征】

茎：须根多数，根茎短，稍粗。

叶：叶基生，莲座状，平卧、斜展或直立；叶片宽卵形或宽椭圆形，长 4~12 cm，宽 2.5~6.5 cm，先端钝圆或急尖，基部宽楔形或近圆形，多少下延，边缘波状、全缘或中部以下具齿。

花：花序 3~10 个，直立或弓曲上升；花序梗长 5~30 cm，有纵条纹，疏生白色短柔毛；穗状花序细圆柱形，长 3~40 cm，花冠白色。

果：蒴果纺锤状卵形、卵球形或圆锥状卵形。种子卵状椭圆形或椭圆形。

【生态习性】

生物学特性：二年生或多年生草本。花期 4—8 月，果期 6—9 月。种子繁殖。

分布：遍布中国。亚洲东北部、东南部，日本、尼泊尔有分布。

生境：适生于湿润处，生于草地、沟边、河岸湿地、田边、路旁或村边空旷处。

车前

2. 平车前

【形态特征】

茎：直根长，具多数侧根，多少肉质，根茎短。

叶：叶基生，莲座状；叶片椭圆形、椭圆状披针形或卵状披针形，长 3~12 cm，宽1~3.5 cm，先端急尖或微钝，边缘具浅波状钝齿、不规则锯齿或牙齿，脉 5~7 条，两面疏生白色短柔毛。

花：穗状花序 3~10 个，上部密集，基部常间断，长 6~12 cm；花序梗长 5~18 cm，疏生白色短柔毛；花冠白色，无毛，花药卵状椭圆形或宽椭圆形，新鲜时白色或绿白色，干后变淡褐色。

果：蒴果卵状椭圆形或圆锥状卵形。种子椭圆形。

【生态习性】

生物学特性：一年生或二年生草本。花期5—7 月，果期7—9 月。以种子及根茎繁殖。

分布：中国分布于黑龙江、吉林、辽宁、内蒙古、河北、山西、陕西、宁夏、甘肃、青海、新疆、山东、江苏、湖北、四川、云南、西藏等省区。朝鲜、俄罗斯、哈萨克斯坦、阿富汗、蒙古、巴基斯坦、印度有分布。

生境：生于海拔 5~4 500 m 的草地、河滩、沟边、草甸、田间及路旁，喜湿润，耐干旱。

平车前

3. 大车前

【形态特征】

茎：须根多数，根茎粗短。

叶：叶基生，莲座状，平卧、斜展或直立；叶片草质、薄纸质或纸质，宽卵形至宽椭圆形，长 3~18 cm，宽 2~11 cm，先端钝尖或急尖，边缘波状、疏生不规则齿或近全缘，脉 5~7 条。

花：花序 1 个至数个，花序梗直立或弓曲上升，长 5~18 cm，有纵条纹，被短柔毛或柔毛；穗状花序细圆柱形，基部常间断；花冠白色，花药通常初为淡紫色，稀白色，干后变淡褐色。

果：蒴果近球形、卵球形或宽椭圆形。种子卵形、椭圆形或菱形，黄褐色。

【生态习性】

生物学特性：二年生或多年生草本。花期 6—8 月，果期 7—9 月。

分布：中国分布于黑龙江、吉林、辽宁、内蒙古、河北、山西、陕西、甘肃、宁夏、青海、新疆、山东、江苏、福建、台湾、广西、海南、四川、云南、西藏等省区。欧亚大陆温带及寒温带有分布。

大车前

生境：生于海拔 5~2 800 m 的草地、草甸、河滩、沟边、沼泽地、山坡、路旁、田边或荒地。

（二）婆婆纳属

婆婆纳属为多年生草本而有根茎，或一年生、二年生草本而无根茎，有时基部木质化。本属约有 250 种，广泛分布于全世界，主产于欧亚大陆。中国有 61 种，各省区均有分布，但多数种类产于西南山地。

阿拉伯婆婆纳

【别称】波斯婆婆纳、肾子草。

【形态特征】

茎：株高 10~50 cm，茎密生 2 列多细胞柔毛。

叶：叶 2~4 对，具短柄，卵形或圆形，基部浅心形，边缘具钝齿，两面疏生柔毛。

花：总状花序较长；苞片互生，与叶同形且几乎等大；花梗比苞片长，裂片卵状披针形，有睫毛，三出脉；花冠蓝色、紫色或蓝紫色。

果：蒴果肾形。种子背面具深横纹，长约 1.6 mm。

【生态习性】

生物学特性：一年生铺散多分枝草本。花期 5—8 月。

分布：原产于亚洲西部及欧洲。中国分布于华东、华中及贵州、云南、西藏东部、新疆、宁夏等地。

生境：为归化的路边及荒野杂草。

阿拉伯婆婆纳

十七、蒺藜科

蒺藜科为多年生草本、半灌木或灌木，稀为一年生草本。本科有 27 属、350 种，分布于热带、亚热带和温带地区，主要分布在亚洲、非洲、欧洲、美洲和澳大利亚。中国有 5 亚科、6 属、31 种、2 亚种、4 变种，主要生于西北干旱区的沙漠、戈壁和低山。本科植物耐干旱、耐风沙、耐贫瘠，有些属和种耐盐碱。

蒺藜属

蒺藜属约有 20 种，主要分布于热带和亚热带地区，若干种类作为杂草分布于热带和温带地区。中国有 2 种。

蒺藜

【别称】白蒺藜、蒺藜狗。

【形态特征】

茎：茎平卧，枝长 20~60 cm。

叶：偶数羽状复叶，长 1.5~5 cm；小叶对生，3~8 对，矩圆形或斜短圆形，长 5~10 mm，宽 2~5 mm，先端锐尖或钝，被柔毛，全缘。

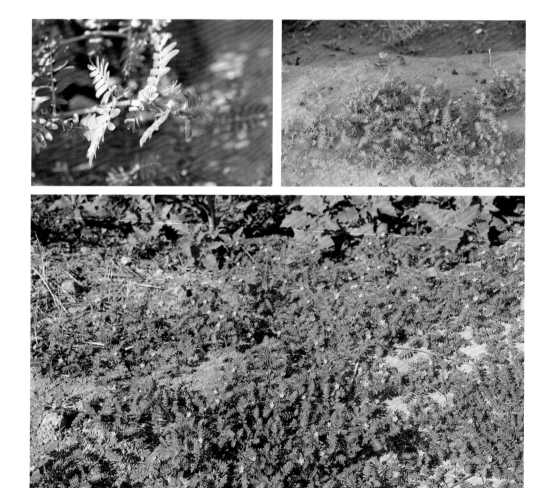

蒺藜

花：花腋生，黄色，花梗短于叶。

果：果有分果瓣 5，无毛或被毛，中部边缘有 2 锐刺，下部常有 2 小锐刺。

【生态习性】

生物学特性：一年生草本。花期 5—8 月，果期 6—9 月。

分布：中国分布于南北各地。温带地区有分布。

生境：耐干旱、耐瘠薄，生活力强，多生于沙地、荒地、山坡、居民点附近。

十八、苋科

苋科为一年生或多年生草本，少数为攀缘藤本或灌木。本科约有 60 属、850 种，分布较广。中国产 13 属、39 种。

（一）苋属

苋属为一年生草本，约有 40 种，分布于热带、亚热带、温带地区。苋属植物适应性强，在中国各地皆可种植，且生长迅速，枝叶繁茂，其根系发达，具有较强的耐旱性。

1. 反枝苋

【别称】野苋菜、苋菜、西风谷。

【形态特征】

茎：株高 20~80 cm，有时超过 1 m；茎直立，粗壮，单一或分枝，淡绿色，有时带紫色条纹，稍具钝棱，密生短柔毛。

叶：叶菱状卵形或椭圆状卵形，长 5~12 cm，宽 2~5 cm，顶端锐尖或尖凹，全缘或波状，两面及边缘有柔毛；叶柄长 1.5~5.5 cm，淡绿色，有时淡紫色，有柔毛。

花：圆锥花序顶生及腋生，直立，直径 2~4 cm，由多数穗状花序组成，顶生花穗较侧生花穗长。

果：胞果扁卵形，长约 1.5 mm。种子近球形。

【生态习性】

生物学特性：一年生草本。花期 7—8 月，果期 8—9 月。种子繁殖。

分布：原产于美洲热带，现广泛分布于世界各地。中国华北、西北、东北、华东等地有分布。

生境：喜湿润环境，耐干旱，适应性强，常生于果园、田边、路旁等处。

反枝苋

2. 凹头苋

【别称】 野苋。

【形态特征】

茎：株高 10~30 cm，全体无毛；茎伏卧而上升，基部分枝，淡绿色或紫红色。

叶：叶片卵形或菱状卵形，长 1.5~4.5 cm，宽 1~3 cm，顶端凹缺，全缘或稍

凹头苋

波状。

花：花簇腋生，生在茎端和枝端者组成直立穗状花序或圆锥花序。

果：胞果扁卵形，近平滑。种子环形，黑色至黑褐色。

【生态习性】

生物学特性：一年生草本。花期7—8月，果期8—9月。种子繁殖。

分布：中国广泛分布。日本，欧洲、非洲北部、南美洲有分布。

生境：喜湿润环境，耐干旱，生于田野、路边、田埂等处。

（二）盐生草属

盐生草属为一年生草本，茎直立，多分枝，无毛或有蛛丝状毛。本属有3种，分布于亚洲、欧洲南部及非洲北部。中国有2种、1变种。

蛛丝蓬

【别称】 白茎盐生草、灰蓬。

【形态特征】

茎：株高10~40 cm，茎直立，自基部分枝；枝互生，灰白色，幼时生蛛丝状毛，后脱落。

叶：叶片圆柱形，长3~10 mm，宽1.5~2 mm，顶端钝，有时有小短尖。

花：通常2~3朵，簇生于叶腋；小苞片卵形，边缘膜质；花被片宽披针形，膜质。

蛛丝蓬

果：胞果果皮膜质。种子横生，圆形。

【生态习性】

生物学特性：一年生草本。花果期 7—8 月。种子繁殖。

分布：中国分布于山西、陕西、内蒙古、宁夏、甘肃、青海、新疆等省区。蒙古、俄罗斯有分布。

生境：生于干旱山坡、沙地和河滩等地。

（三）沙冰藜属

沙冰藜属约有 10 种，分布于亚洲、欧洲、非洲温带地区和大洋洲。中国产 3 种，分布于北方各省区和青藏高原。

雾冰藜

【形态特征】

茎：株高 3~50 cm，茎直立，密被水平伸展的长柔毛；分枝多，开展。

叶：叶互生，肉质，圆柱形或半圆柱状条形，密被长柔毛，先端钝，基部渐狭。

花：花两性，单生或 2 朵簇生，通常仅 1 朵发育。

果：胞果卵圆形。种子近圆形，光滑。

【生态习性】

生物学特性：一年生草本。花果期 7—9 月。

分布：中国分布于黑龙江、吉林、辽宁、山东、河北、山西、陕西、甘肃、内

雾冰藜

蒙古、青海、新疆和西藏等省区。俄罗斯和蒙古有分布。

生境：生于戈壁、盐碱地、沙丘、草地、河滩、阶地等处。

（四）猪毛菜属

猪毛菜属约有 130 种，分布于亚洲、非洲及欧洲，少数种分布于大洋洲及美洲。中国有 36 种、1 变种。

1. 猪毛菜

【形态特征】

茎：株高 20~100 cm，茎自基部分枝，枝互生，伸展，茎、枝绿色，有白色或

猪毛菜

紫红色条纹，生短硬毛或近无毛。

叶：叶片丝状圆柱形，伸展或微弯曲，长 2~5 cm，宽 0.5~1.5 mm，生短硬毛，顶端有刺状尖。

花：花序穗状，生于枝条上部；苞片卵形，顶部延伸，有刺状尖。

果：种子横生或斜生。

【生态习性】

生物学特性：一年生草本。花期 7—9 月，果期 9—10 月。种子繁殖。

分布：中国分布于东北、华北、西北、西南及河南、山东、江苏等地。朝鲜、蒙古、俄罗斯、巴基斯坦有分布。

生境：生于荒地、路旁和农田，适应性强，在各种土壤中均能生长。

2. 刺沙蓬

【别称】刺蓬、细叶猪毛菜。

【形态特征】

茎：株高 30~100 cm，茎直立，自基部分枝，茎、枝被短硬毛或近无毛，有白

刺沙蓬

色或紫红色条纹。

叶：叶片半圆柱形或圆柱形，无毛或有短硬毛，长 1.5~4 cm，宽 1~1.5 mm，顶端有刺状尖。

花：花序穗状，生于枝条上部；花被片果时变硬，自背面中部生翅；翅 3 个，较大，肾形或倒卵形，膜质，无色或淡紫红色。

果：种子横生，直径约 2 mm。

【生态习性】

生物学特性：一年生草本。花期 7—8 月，果期 8—9 月。

分布：中国分布于东北、华北、西北及西藏、山东和江苏。蒙古、俄罗斯有分布。

生境：生于河谷沙地、砾质戈壁、海边。

（五）沙蓬属

沙蓬属有 6 种，分布于亚洲。中国有 3 种，分布于东北、华北和西北。

沙蓬

【形态特征】

茎：株高 14~60 cm，茎直立，坚硬，浅绿色，具不明显的条棱，幼时密被分枝毛；自基部分枝，最下部的分枝通常对生或轮生，平卧，上部枝条互生，斜展。

叶：叶无柄，披针形、披针状条形或条形，长 1.3~7 cm，宽 0.1~1 cm，基部渐狭；叶脉浮凸，纵行，3~9 条。

花：穗状花序紧密，卵圆形或椭圆形，无梗，腋生。

果：果实卵圆形或椭圆形。种子近圆形，光滑，有时具浅褐色斑点。

【生态习性】

生物学特性：一年生草本。花果期 8—9 月。

分布：中国分布于黑龙江、吉林、辽宁、河北、河南、山西、内蒙古、陕西、甘肃、宁夏、青海、新疆和西藏等省区。蒙古和俄罗斯有分布。

生境：喜生于沙丘或流动沙丘之背风坡上，为中国北部沙漠地区常见的沙生植物。

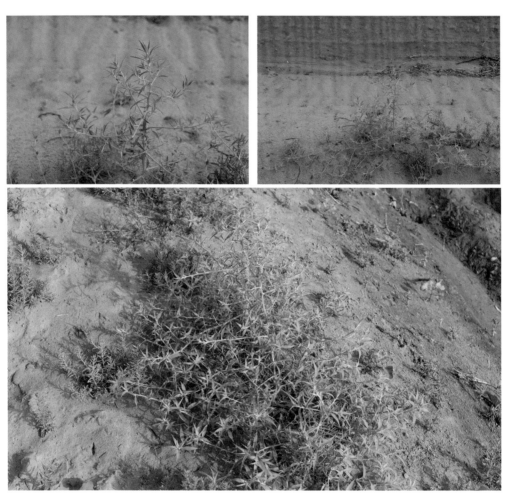

沙蓬

（六）盐爪爪属

盐爪爪属有 5 种，分布于欧洲东南部、亚洲。中国有 5 种 1 变种。

盐爪爪

【形态特征】

茎：株高 20~50 cm，茎直立或平卧，多分枝；枝灰褐色，小枝上部近草质，黄绿色。

叶：叶片圆柱形，伸展或稍弯曲，灰绿色，顶端钝，基部下延，半抱茎。

花：花序穗状，无柄，每 3 朵花生于 1 鳞状苞片内。

果：种子直立，近圆形，直径约 1 mm。

【生态习性】

生物学特性：小灌木。花果期7—8月。

分布：中国分布于黑龙江、内蒙古、河北北部、甘肃北部、宁夏、青海、新疆。蒙古、俄罗斯西伯利亚地区，中亚、欧洲东南部有分布。

生境：生于盐碱滩、盐湖边。

盐爪爪

十九、大戟科

大戟科为乔木、灌木或草本，稀为木质或草质藤本。本科约有300属，5 000种，广泛分布于全世界，但主产于热带和亚热带地区。中国有70多属，约460种，分布于南北各地，但主产地为西南地区至台湾。大戟科是一个多型的科，分类比较复杂，曾先后被细分成10多个科，至今尚有争论。

（一）铁苋菜属

铁苋菜属为一年生或多年生草本、灌木或小乔木。本属约有450种，广泛分布于热带、亚热带地区。中国有17种，其中栽培2种，各省区均有分布。

铁苋菜

【别称】蛤蜊花、海蚌含珠、蚌壳草。

【形态特征】

茎：株高20~50 cm，小枝细长，被贴伏柔毛，毛逐渐稀疏。

叶：叶膜质，长卵形、近菱状卵形或阔披针形，长 3~9 cm，宽 1~5 cm，顶端短渐尖，稀圆钝，边缘具圆锯齿，上面无毛，下面沿中脉具柔毛。

花：雌雄花同序，花序腋生，稀顶生，长 1.5~5 cm，花序梗长 0.5~3 cm，花序轴具短毛；雌花苞片 1~2 枚，卵状心形，雄花生于花序上部，穗状或头状。

果：蒴果直径 4 mm，果皮疏生毛和小瘤体。种子近卵形，平滑。

【生态习性】

生物学特性：一年生草本。花期 7—8 月，果期 8—10 月。种子繁殖。

分布：中国除西部高原或干燥地区外，大部分地区均有分布。俄罗斯远东地区、朝鲜、日本、菲律宾、越南、老挝有分布。

生境：生于海拔 20~1 900 m 的平原或山坡，常见于较湿润的耕地和空旷草地，有时生于石灰岩山疏林下，为秋熟旱作物田主要杂草。

铁苋菜

（二）大戟属

大戟属为一年生、二年生或多年生草本、灌木或乔木；植物体具乳状液汁。本属约有 2 000 种，遍布世界各地，其中非洲和美洲较多。中国原产 66 种，另有栽培和归化 14 种，共计 80 种，南北均产，但以西南横断山区和西北干旱地区较多。

1. 乳浆大戟

【别称】乳浆草、宽叶乳浆大戟、松叶乳汁大戟、东北大戟、岷县大戟、太鲁阁大戟、新疆大戟、华北大戟、猫眼草、猫眼睛、新月大戟。

【形态特征】

茎：株高 30~60 cm，茎单生或丛生，单生时自基部多分枝，直径 3~5 mm；不育枝常发自基部，较矮，有时发自叶腋。

叶：叶线形至卵形，长 2~7 cm，宽 4~7 mm，先端尖或钝尖，无叶柄。

花：花序单生于二歧分枝的顶端，基部无柄；总苞钟状，高约 3 mm，直径2.5~3 mm，边缘 5 裂，裂片半圆形至三角形，边缘及内侧被毛；腺体新月形，两端具角，角长而尖或短而钝，褐色；雄花多数，苞片宽线形，无毛。

果：蒴果三棱状球形。种子卵球形，成熟时黄褐色。

【生态习性】

生物学特性：多年生草本。花果期 5—9 月。

分布：中国除海南、贵州、云南和西藏外，其他省区均有分布。欧亚大陆广泛分布，北美洲有归化种。

生境：生于路旁、杂草丛、山坡、林下、河沟边、荒山、沙丘及草地。

乳浆大戟

2. 地锦草

【别称】千根草、小虫儿卧单、血见愁草、草血竭、小红筋草、奶汁草、红丝草。

【形态特征】

根：根纤细，长 10~18 cm，直径 2~3 mm，常不分枝。

茎：茎匍匐，基部以上多分枝，偶尔先端斜向上伸展，基部常红色或淡红色，长达 20 cm，被柔毛或疏柔毛。

叶：叶对生，矩圆形或椭圆形，长 5~10 mm，宽 3~6 mm，先端钝圆，边缘常于中部以上具细锯齿；上面绿色，下面淡绿色，有时淡红色，两面被疏柔毛；叶柄较短。

地锦草

花：花序单生于叶腋，基部具短柄；总苞陀螺状，边缘 4 裂，裂片三角形，边缘具白色或淡红色附属物。

果：蒴果三棱状卵球形。种子三棱状卵球形。

【生态习性】

生物学特性：一年生草本。花果期5—9月。

分布：中国除海南外，其他省区均有分布。欧亚大陆温带广泛分布。

生境：生于荒地、路旁、田间、沙丘、海滩、山坡等地，长江以北地区较常见。

二十、菊科

菊科约有 1 000 属，25 000~30 000 种，是双子叶植物的第一大科，广泛分布于全世界，热带地区较少。中国有 200 余属，2 000 多种，各省区均有分布。根据头状花序花冠类型的不同、乳汁的有无，通常可分成两个亚科：筒状花亚科和舌状花亚科。

（一）蓟属

蓟属为一年生、二年生或多年生草本，雌雄同株，极少异株。本属有 250~300 种，广泛分布于欧洲、亚洲、北非、北美洲和中美洲。中国有 50 余种。

刺儿菜

【别称】野刺儿菜、野红花、小蓟、大蓟、小刺盖、蓟蓟芽、刺刺菜。

【形态特征】

茎：株高 30~80 cm，茎直立，基部直径 3~5 mm，有时可达 1 cm，上部有分枝，花序分枝无毛或有薄绒毛。

叶：基生叶和中部茎生叶椭圆形、长椭圆形或椭圆状倒披针形，顶端钝或圆形，通常无叶柄，长 7~15 cm，宽 1.5~10 cm；上部茎生叶渐小，椭圆形、披针形或线状披针形，或全部茎生叶不分裂，叶缘有细密的针刺。

花：头状花序单生于茎端，或排成伞房花序；总苞卵形、长卵形或卵圆形，直径 1.5~2 cm；小花紫红色或白色。

果：瘦果淡黄色，椭圆形或偏斜椭圆形，压扁，长 3 mm，宽 1.5 mm，顶端斜截形；冠毛污白色，多层，整体脱落；刚毛长羽毛状，长 3.5 cm，顶端渐细。

【生态习性】

生物学特性：多年生草本。花果期 5—6 月。以根上不定芽和种子繁殖。

分布：中国分布于南北各地。欧洲东部、中部，蒙古、朝鲜、日本有分布。

生境：生于海拔 170~2 650 m 的平原、丘陵和山地，多生于土壤疏松的旱地。

刺儿菜

（二）鬼针草属

鬼针草属约有 230 种，广泛分布于热带及温带地区，尤以美洲种类较丰富。中国有 9 种、2 变种，几乎遍布各省区，多为荒野杂草。

1. 狼耙草

【别称】 狼把草、矮狼杷草。

【形态特征】

茎：株高 20~150 cm，茎圆柱形或具钝棱而稍呈四方形，基部直径 2~7 mm，无毛，绿色或带紫色。

叶：叶对生，下部叶较小，不分裂，边缘具锯齿；中部叶具柄，有狭翅，叶片无毛或下面有极稀疏的小硬毛，长椭圆状披针形，通常 3~5 深裂，顶生裂片较大，披针形或长椭圆状披针形，长 5~11 cm，宽 1.5~3 cm，两端渐狭，与侧生裂片边缘均具疏锯齿；上部叶较小，披针形，3 裂或不分裂。

花：头状花序单生于茎端及枝端，直径 1~3 cm，高 1~1.5 cm，具较长的花序梗；总苞盘状，外层总苞片 5~9 枚，线形或匙状倒披针形，内层苞片长椭圆形或卵状披针形，具透明或淡黄色边缘；无舌状花，全为筒状两性花。

果：瘦果扁，楔形或倒卵状楔形，边缘有倒刺毛。

【生态习性】

生物学特性：一年生草本。花果期 8—9 月。种子繁殖。

分布：分布于东北、华北、华东、华中、西南及西北等地。亚洲、欧洲和非洲北部广泛分布，大洋洲东南部亦有少量分布。

生境：适生于低湿地，常生于水边或潮湿的土壤中，水稻田或田边常见。

狼耙草

2. 大狼耙草

【别称】 接力草、外国脱力草、大狼杷草。

【形态特征】

茎：株高 20~120 cm，茎直立，分枝，被疏毛或无毛，常带紫色。

叶：叶对生，一回羽状复叶，有小叶 3~5 片，披针形，长 3~10 cm，宽1~3 cm，先端渐尖，边缘有粗锯齿，通常背面被稀疏短柔毛，顶生者具明显的柄。

花：总苞钟状或半球形，外层苞片 5~10 枚，通常 8 枚，披针形或匙状倒披针形，叶状，边缘有缘毛；内层苞片长圆形，具淡黄色边缘；无舌状花或舌状花极不明显，筒状花两性。

果：瘦果扁平，狭楔形，有倒刺毛。

大狼耙草

【生态习性】

生物学特性：一年生草本。花果期 7—10 月。种子繁殖。

分布：原产于北美洲。由国外传入中国，上海近郊有野生，浙江、江苏、湖南、湖北、山东、辽宁、宁夏等省区有分布。

生境：适应性强，喜生于湿润的土壤中，常见于路边、沟边、稻田或田边湿润处。

3. 小花鬼针草

【别称】 一包针、锅叉草、小鬼叉、小刺叉、细叶刺针草。

【形态特征】

茎：株高 20~90 cm，下部圆柱形，有纵条纹，中上部常钝四方形，无毛或被稀疏短柔毛。

叶：叶对生，具柄，柄长 2~3 cm，背面微凸或扁平，腹面有沟槽，槽内及边缘有疏柔毛；叶片长 6~10 cm，2~3 回羽状分裂，先端锐尖，边缘稍向上反卷，上面被短柔毛；上部叶互生，二回或一回羽状分裂。

花：头状花序单生于茎端及枝端，具长梗，高 7~10 mm，花直径 1.5~2.5 mm；总苞筒状，基部被柔毛，外层总苞片 4~5 枚，线状披针形。

果：瘦果线形，稍具棱，两端渐窄，顶端具芒刺，有倒刺毛。

【生态习性】

生物学特性：一年生草本。花果期 7—9 月。种子繁殖。

小花鬼针草

分布：中国分布于东北、华北、西南及山东、河南、陕西、甘肃、宁夏等地。日本、朝鲜及俄罗斯有分布。

生境：常生于路旁、林边湿地、水沟边。

（三）飞蓬属

飞蓬属约有 200 种，主要分布于欧洲、亚洲及北美洲，少数分布于非洲和大洋洲。中国有 35 种，主要分布于新疆和西南部山区。

小蓬草

【别称】 小飞蓬、飞蓬、加拿大蓬、小白酒草、蒿子草。

【形态特征】

茎：株高 50~100 cm 或更高，茎直立，圆柱形，多少具棱，有条纹，被疏长硬毛，上部多分枝。

叶：叶密集，下部叶倒披针形，长 6~10 cm，宽 1~1.5 cm，顶端尖或渐尖，基部渐狭成柄，边缘具疏锯齿或全缘；中部叶和上部叶较小，线状披针形或线形，近无柄或无柄，全缘或少数具 1~2 齿。

花：头状花序多数，小，直径 3~4 mm，排列成顶生多分枝的大圆锥花序，花序梗细；总苞近圆柱形，总苞片 2~3 层，淡绿色，线状披针形或线形，顶端渐尖；两性花淡黄色。

果：瘦果线状披针形，稍压扁，冠毛污白色。

小蓬草

【生活习性】

生物学特性：一年生草本。花期5—7月，果期6—9月。种子繁殖。

分布：中国南北各地均有分布。原产于北美洲，世界各地广泛分布。

生境：常生于旷野、荒地、田边和路旁，为一种常见杂草。

（四）莴苣属

莴苣属为一年生、二年生或多年生草本。本属有75种，主要分布于北美洲、欧洲、中亚、西亚及地中海地区。中国集中分布于新疆，少数见于云南横断山脉。

1. 乳苣

【别称】 苦苦菜、苦菜、紫花山莴苣、蒙山莴苣。

乳苣

【形态特征】

茎：株高 15~60 cm，茎直立，有细条棱或条纹。

叶：中下部茎生叶长椭圆形、线状长椭圆形或线形，长 6~19 cm，宽 2~6 cm，基部渐狭成短柄，羽状浅裂、半裂，或边缘有多数或少数大锯齿，顶端钝或急尖；向上的叶与中部茎生叶同形或宽线形，但渐小；全部叶质地稍厚，两面光滑无毛。

花：头状花序约有 20 朵小花，在茎枝顶端排成圆锥花序；总苞圆柱形或楔形，苞片外面光滑无毛，带紫红色；舌状小花紫色或紫蓝色，管部有白色短柔毛。

果：瘦果长圆状披针形，稍压扁，灰黑色。

【生活习性】

生物学特性：多年生草本。花果期 6—9 月。

分布：中国分布于辽宁、内蒙古、河北、河南、山西、陕西、甘肃、宁夏、青海、新疆、西藏等省区。欧洲，哈萨克斯坦、乌兹别克斯坦、蒙古、伊朗、阿富汗、印度西北部等有分布。

生境：生于河滩、湖边、草甸、田边、固定沙丘或砾石地。

2. 野莴苣

【别称】银齿莴苣、毒莴苣、刺莴苣、阿尔泰莴苣。

【形态特征】

茎：株高 40~70 cm，茎单生，直立，基部带紫红色，有白色硬刺或无白色硬刺。

叶：基部或下部茎生叶披针形或长披针形，长 5~17 cm，宽 1~1.5 cm，基部渐狭，无柄，通常全缘；中上部茎生叶渐小，线形、线状披针形或长椭圆形，全缘；全部叶基部箭头形，下面沿中脉常有淡黄色刺毛。

花：头状花序多数，在茎枝顶端排成圆锥花序或总状圆锥花序，有 7~15 朵舌状小花；舌状小花黄色。

果：瘦果倒披针形，压扁，浅褐色，冠毛白色，微锯齿状。

【生态习性】

生物学特性：二年生草本。花果期 8—9 月。

分布：中国分布于山东、河南、江苏、云南、新疆、宁夏、陕西等省区。地中海地区，俄罗斯、哈萨克斯坦、乌兹别克斯坦、伊朗等有分布。

野莴苣

生境：生于海拔 750~2 000 m 的山谷及河漫滩等地。

（五）苦荬菜属

苦荬菜属为一年生或多年生草本。本属约有 20 种，分布于东亚和南亚。中国有 4 种。

中华苦荬菜

【别称】山鸭舌草、山苦荬、黄鼠草、小苦苣、苦麻子、中华小苦荬。

【形态特征】

茎：株高 5~47 cm，茎直立，单生或少数簇生，基部直径 1~3 mm，上部伞房花序状分枝。

叶：基生叶长椭圆形、倒披针形、线形或舌形，叶柄长 2.5~15 cm，宽 2~5.5 cm，顶端钝或急尖或向上渐窄，全缘，不分裂亦无锯齿或边缘有尖齿或凹齿；茎生叶2~4片，长披针形或长椭圆状披针形，不裂，全缘。

花：头状花序通常在茎枝顶端排成伞房花序，有舌状小花 21~25 朵；舌状小花黄色，干时带红色。

果：瘦果褐色，长椭圆形；冠毛白色，微糙。

【生态习性】

生物学特性：多年生草本。花果期4—9月。

分布：中国分布于黑龙江、河北、河南、山西、陕西、宁夏、山东、江苏、安徽、浙江、江西、福建、四川、贵州、云南、西藏等省区。俄罗斯远东地区及西伯利亚地区，日本、朝鲜有分布。

生境：生于山坡路旁、田野、河边灌丛或岩石缝隙中。

中华苦荬菜

（六）苦苣菜属

苦苣菜属为一年生、二年生或多年生草本，约有 50 种，分布于欧洲、亚洲与非洲。中国有 8 种。

1. 花叶滇苦菜

【别称】 断续菊、续断菊。

【形态特征】

茎：株高 20~50 cm，茎直立，单生或少数簇生，有纵纹或纵棱。

叶：基生叶与茎生叶同形，较小；中下部茎生叶长椭圆形、倒卵形、匙状或匙状椭圆形；上部茎生叶披针形，不裂，基部扩大，圆耳状抱茎；下部叶或全部茎生叶羽状浅裂、半裂或深裂，侧裂片 4~5 对，椭圆形、三角形、宽镰刀形或半圆形。

花：头状花序排成稠密伞房花序；总苞宽钟状，长约 1.5 cm，总苞片 3~4 层，覆瓦状排列，绿色；舌状小花黄色。

果：瘦果倒披针形，褐色；冠毛白色。

【生态习性】

生物学特性：一年生草本。花果期 5—9 月。种子繁殖。

花叶滇苦菜

分布：中国分布于新疆、宁夏、山东、江苏、安徽、江西、湖北、四川、云南、西藏等省区。欧洲、西亚，哈萨克斯坦、乌兹别克斯坦、日本有分布。

生境：生于路边和荒野，为果园、桑园、茶园和路埂常见杂草，发生量小，危害轻。

2. 全叶苦苣菜

【形态特征】

茎：株高 20~80 cm，茎直立，有细条纹。

叶：基生叶与茎生叶同形，中下部叶灰绿色或青绿色，线形，长椭圆形、匙形、披针形、倒披针形或线状长椭圆形，长 4~27 cm，宽 1~4 cm，无柄，全缘，或边缘有刺尖、凹齿、浅齿；上部的叶及花序分叉处的叶渐小，与中下部叶同形。

花：头状花序少数或多数在茎枝顶端排成伞房花序；总苞钟状，总苞片 3~4 层，外层披针形或三角形，中内层长披针形或长椭圆状披针形；舌状小花多数，黄色或淡黄色。

果：瘦果椭圆形，暗褐色；冠毛单毛状，白色。

全叶苦苣菜

【生态习性】

生物学特性：多年生草本。花果期5—9月。

分布：中国分布于黑龙江、辽宁、吉林、内蒙古、河北、河南、山西、陕西、宁夏、甘肃、青海、新疆、西藏、湖南、四川、云南等省区。伊朗、印度北部、地中海地区、高加索地区及乌兹别克斯坦有分布。

生境：生于海拔200~4 000 m的山坡草地、水边湿地或田边。

3. 苦苣菜

【别称】滇苦荬菜。

【形态特征】

茎：株高40~150 cm，茎直立，单生，有纵条棱或条纹。

叶：基生叶羽状深裂，长椭圆形或倒披针形，或大头羽状深裂，倒披针形；中下部茎生叶羽状深裂或大头状羽状深裂，椭圆形或倒披针形，长3~12 cm，宽2~7 cm，柄基部圆耳状抱茎。

花：头状花序排成伞房或总状花序或单生于茎顶；总苞宽钟状，总苞片3~4

苦苣菜

层，外层长披针形或长三角形，中内层常披针形至线状披针形；舌状小花多数，黄色。

果：瘦果褐色，长椭圆形或长椭圆状倒披针形；冠毛白色。

【生态习性】

生物学特性：一年生或二年生草本。花果期 5—9 月。种子繁殖。

分布：中国分布于辽宁、河北、山西、陕西、甘肃、宁夏、青海、新疆、西藏、山东、江苏、安徽、浙江、江西、福建、台湾、河南、湖北、湖南、广西、四川、云南、贵州等省区。原产于欧洲，几乎遍布全世界。

生境：生于海拔 170~3 200 m 的山坡或山谷林缘、林下，或平地田间、空旷处、近水处。

4. 苣荬菜

【别称】南苦苣菜。

【形态特征】

茎：株高 30~150 cm，茎直立，有细条纹，上部或顶部有伞房状花序分枝，花序分枝与花序梗被稠密的头状具柄的腺毛。

叶：基生叶多数，与中下部茎生叶倒披针形或长椭圆形，羽状或倒向羽状深裂、半裂或浅裂，长 6~24 cm，宽 1.5~6 cm，侧裂片 2~5 对，偏斜半椭圆形、椭圆形、卵形、偏斜卵形、偏斜三角形、半圆形或耳状，顶裂片稍大，长卵形、椭圆形或长卵状椭圆形；全部叶裂片边缘有小锯齿或无锯齿而有小尖头；基部圆耳状扩大半抱茎，顶端急尖、短渐尖或钝，两面光滑无毛。

花：头状花序在茎枝顶端排成伞房状花序；总苞钟状，基部有稀疏或稍稠密的或长或短绒毛；总苞片 3 层，外层披针形；舌状小花多数，黄色。

果：瘦果稍压扁，长椭圆形；冠毛白色，柔软，彼此纠缠。

【生态习性】

生物学特性：多年生草本。花果期 5—8 月。

分布：几乎遍布全世界。

生境：生于海拔 300~2 300 m 的山坡草地、林间草地、潮湿地、近水旁、村边或河边砾石滩。

苣荬菜

（七）蒲公英属

蒲公英属约有 2 000 种，主产于北半球温带至亚热带地区，少数产于热带地区。中国有 70 种、1 变种，分布于东北、华北、西北、华中、华东及西南各地，西南和西北地区较多。

1. 蒲公英

【别称】黄花地丁、婆婆丁、蒙古蒲公英、灯笼草、姑姑英、地丁。

【形态特征】

根：根圆柱形，黑褐色，粗壮。

叶：叶倒卵状披针形、倒披针形或长圆状披针形，长 4~20 cm，宽 1~5 cm，边缘有时具波状齿或羽状深裂，有时为倒向羽状深裂或大头羽状深裂，顶端裂片较大，三角形或三角状戟形，全缘或具齿，叶柄及主脉常带红紫色。

花：花葶1个至数个，高10~25 cm，上部紫红色，密被蛛丝状白色长柔毛；头状花序，直径30~40 mm；舌状花黄色，边缘花舌片背面具紫红色条纹。

果：瘦果倒卵状披针形，暗褐色；冠毛白色。

【生态习性】

生物学特性：多年生草本。花期4—8月，果期5—9月。

分布：中国分布于东北、华北、华东、华中、西北及西南等地。朝鲜、蒙古、俄罗斯有分布。

生境：生于中低海拔地区的山坡草地、路边、田野、河滩。

蒲公英

2. 华蒲公英

【形态特征】

根：根茎部有褐色残存叶基。

叶：叶基生，莲座状，倒卵状披针形或狭披针形，稀线状披针形，长4~12 cm，宽6~20 mm，边缘叶羽状浅裂或全缘，具波状齿，内层叶倒向羽状深裂，顶裂片较大，长三角形或戟状三角形，侧裂片3~7枚，狭披针形或线状披针形，全缘或具小齿，平展或倒向，两面无毛，叶柄和下面叶脉常紫色。

花：花葶1个至数个，高5~20 cm，长于叶，顶端被蛛丝状毛或近无毛；头状花序，总苞小，淡绿色；舌状花黄色，稀白色，边缘花舌片背面有紫色条纹。

果：瘦果倒卵状披针形，淡褐色；冠毛白色。

【生态习性】

生物学特性：多年生草本。花果期6—8月。以种子和根芽繁殖。

分布：中国分布于东北、华北、西北、西南等地。蒙古、俄罗斯西伯利亚地区有分布。

生境：生于盐碱化草甸、草坡或砾石中，在盐碱化农田或田埂常出现，属路埂一般性杂草。

华蒲公英

（八）苍耳属

苍耳属有25种，主要分布于美洲北部和中部、欧洲、亚洲及非洲北部。中国有3种及1变种。

1. 苍耳

【别名】苍子、稀刺苍耳、菜耳、猪耳、野茄、胡苍子、痴头婆、抢子、青棘子、羌子裸子、绵苍浪子、苍浪子、刺八裸、道人头、敝子、野茄子、老苍子、苍耳子、虱马头、怠耳、告发子、刺苍耳、蒙古苍耳、偏基苍耳、近无刺苍耳等。

【形态特征】

茎：株高 20~90 cm，茎直立，不分枝或少有分枝，下部圆柱形，上部有纵沟，被灰白色糙伏毛。

叶：叶三角状卵形或心形，长 4~9 cm，宽 5~10 cm，近全缘，基部稍心形或平截，与叶柄连接处呈相等的楔形，边缘有粗齿，基脉 3 出，侧脉弧形，直达叶缘，脉上密被糙伏毛，下面苍白色，被糙伏毛；叶柄长 3~11 cm。

花：雄头状花序球形，直径 4~6 mm，总苞片长圆状披针形，被柔毛，雄花多数，花冠钟形；雌头状花序椭圆形。

苍耳

果：瘦果倒卵圆形。

【生态习性】

生物学特性：一年生草本。花期7—8月，果期8—9月。种子繁殖。

分布：中国分布于东北、华北、华东、华南、西北及西南各地。俄罗斯、伊朗、印度、朝鲜和日本有分布。

生境：常生于荒野、路边、田边，为旱地杂草。

2. 意大利苍耳

【形态特征】

茎：株高可达 200 cm，子叶狭长；茎直立，粗壮，基部木质化，有棱，常多

意大利苍耳

分枝。

叶：单叶互生，叶片三角状卵形至宽卵形，边缘具不规则齿或裂，两面被短硬毛。

花：头状花序单性同株；雄花序生于雌花序上方；雌花序具花；总苞结果时长圆形，外面生倒钩刺，刺上被白色透明的刚毛和短腺毛。

果：瘦果的总苞长 20~30 mm，宽12~18 mm。

【生态习性】

生物学特性：一年生草本。花期 7—8 月，果期 8—9 月。

分布：中国分布于黑龙江、辽宁、内蒙古、宁夏及河北。原产地为北美洲和南欧，加拿大、美国、墨西哥、澳大利亚、乌克兰和地中海地区有分布。

生境：生于干旱山坡或砂质荒地。

3. 刺苍耳

【形态特征】

茎：株高 40~120 cm，茎上部多分枝，节上具三叉状棘刺，刺长 1~3 cm。

叶：叶狭卵状披针形或阔披针形，长 3~8 cm，宽 6~30 mm，边缘 3~6 浅裂或不裂，全缘，中裂片较长，长渐尖，上面有光泽，中脉下凹明显，下面密被灰白色毛；叶柄细，长 5~15 mm，被绒毛。

花：花单性，雌雄同株；雄花序球状，生于上部；雌花序卵形，生于雄花序下部，总苞囊状，具钩刺。

果：果实纺锤形，表面黄绿色，着生先端膨大钩刺，种皮膜质，灰黑色。种子浅灰色。

【生态习性】

生物学特性：一年生直立草本。花期 7—8 月，果期 8—9 月。种子繁殖。

分布：原产于南美洲，在欧洲中南部、亚洲和北美洲归化。中国辽宁、北京、河南、安徽、宁夏等地发现其踪迹。

生境：常生于路边、荒地和旱作物田。刺苍耳入侵农田，危害白菜、小麦、大豆等旱作物，对牧场的危害也比较严重，是一种广泛蔓延的恶性杂草，已被列入《重点管理外来入侵物种名录》。

刺苍耳

（九）蒿属

蒿属约有 300 种，主产于亚洲、欧洲及北美洲的温带、寒温带及亚热带地区，少数种分布到亚洲热带地区、非洲、中美洲和大洋洲。中国有 186 种、44 变种，隶属于 2 亚属、7 组。蒿属遍布中国，西北、华北、东北及西南地区较多，局部地区常组成植物群落，如草原、亚高山草甸或荒漠与半荒漠草原的建群种、优势种或主要伴生种，华东、华中、华南地区种类略少，多生于荒坡、旷野及路旁，少数种也分布到海边滩地。

1. 艾

【别称】金边艾、艾蒿、祈艾、医草、灸草、端阳蒿。

【形态特征】

根：主根明显，略粗长，直径达 1.5 cm，侧根多；常有横卧地下根茎及营养枝。

茎：株高 80~150 cm，茎单生或少数簇生，有明显纵棱，褐色或灰黄褐色，基部稍木质化，上部草质；茎、枝均被灰色蛛丝状柔毛。

叶：叶上面被灰白色柔毛，下面密被白色蛛丝状绒毛；下部叶近圆形或宽卵形，羽状深裂，叶柄长 0.5~0.8 cm；中部叶卵形、三角状卵形或近菱形，长 5~8 cm，宽 4~7 cm；上部叶与苞片叶羽状半裂、浅裂、3 深裂或不裂。

花：头状花序椭圆形，数个至 10 余个在分枝上排成小型穗状花序或复穗状花序，并在茎上通常再组成狭窄、尖塔形的圆锥花序。

果：瘦果长卵圆形或长圆形。

【生态习性】

生物学特性：多年生草本或略呈半灌木状，植株有浓烈香气。花果期 7—9 月。以根茎及种子繁殖。

分布：中国除极干旱与高寒地区外，其他地区均有分布。蒙古、朝鲜、俄罗斯有分布。

生境：生于中低海拔地区的荒地、路旁、河边及山坡等地，也见于森林草原及草原，局部地区为植物群落的优势种。

艾

2. 五月艾

【别称】野艾蒿、生艾、鸡脚艾、草蓬、白蒿、白艾、黑蒿、狭叶艾、艾叶。

【形态特征】

根：根茎稍粗短，直立或斜向上，直径 3~7 mm，常有短匍茎。

茎：株高 80~150 cm，茎单生或少数，褐色或上部微带红色，纵棱明显，分枝多。

叶：叶上面初被灰白色或淡灰黄色绒毛，后渐稀疏或无毛；基生叶与茎下部叶卵形或长卵形；中部叶卵形、长卵形或椭圆形，长 5~8 cm，宽 3~5 cm，一至二回羽状全裂或大头羽状深裂；上部叶羽状全裂。

花：头状花序卵形、长卵形或宽卵形，多数，直径 2~2.5 mm，具短梗及小苞叶，直立，在分枝上排成总状或复总状花序，并在茎上再组成开展或中等开展的圆锥花序。

果：瘦果长圆形或倒卵圆形。

【生态习性】

生物学特性：多年生半灌木状草本，植株具浓烈的香气。花果期 7—9 月。种子繁殖。

分布：中国分布于辽宁、内蒙古、河北、河南、山西、陕西、甘肃、宁夏、浙江、安徽、江西、福建、湖北、贵州、云南及西藏等省区。日本、朝鲜、越南、印

五月艾

度尼西亚、印度、巴基斯坦有分布，为亚洲南温带至热带地区的广布种。

生境：多生于中低海拔湿润地区的路旁、林缘、坡地及灌丛，东北也见于森林草原。

3. 北艾

【形态特征】

根：主根稍粗，侧根多而细；根茎稍粗，斜向上或直立，有营养枝。

茎：株高 60~160 cm，茎少数或单生，有细纵棱，紫褐色，分枝少，茎、枝微被短柔毛。

叶：叶上面初疏被蛛丝状薄毛，下面密被灰白色蛛丝状绒毛；下部叶椭圆形或长圆形，二回羽状深裂或全裂；中部叶椭圆形、椭圆状卵形或长卵形，一至二回羽状深裂或全裂；上部叶小，羽状深裂，裂片披针形或线状披针形，边缘有或无浅裂齿。

花：头状花序长圆形，直径 2.5~3.5 mm，在小枝上排成密穗状花序，并在茎上再组成狭窄或略开展的圆锥花序。

果：瘦果倒卵形或卵形。

【生态习性】

生物学特性：多年生草本。花果期 7—9 月。

北艾

分布：中国分布于陕西、甘肃、宁夏、青海、新疆、四川等省区。蒙古、加拿大及美国东部，欧洲部分国家有分布。

生境：多生于亚高山地区的草原、森林草原、林缘、谷地、荒坡及路旁等处。

4. 黄花蒿

【别称】香蒿。

【形态特征】

茎：株高 100~200 cm，茎单生，基部直径可达 1 cm，有纵棱，幼时绿色，后变褐色或红褐色，多分枝。

叶：叶纸质，绿色；下部叶宽卵形或三角状卵形，长 3~7 cm，宽 2~6 cm，绿色，三至四回栉齿状羽状深裂；中部叶二至三回栉齿状羽状深裂，小裂片栉齿状三角形；上部叶与苞片叶一至二回栉齿状羽状深裂，近无柄。

花：头状花序球形，多数，有短梗，基部有线形小苞叶，在分枝上排成总状或复总状花序，并在茎上再组成开展的尖塔形圆锥花序，花深黄色。

果：瘦果小，椭圆状卵形，稍扁。

黄花蒿

【生态习性】

生物学特性：一年生草本，植株有浓烈的挥发性香气。花果期8—9月。种子繁殖。

分布：遍布中国。欧洲、亚洲温带、寒温带及亚热带地区广泛分布。

生境：生于向阳平地和山坡、路旁、荒地等处，适应性强。

（十）飞廉属

飞廉属有95种，分布于欧洲、亚洲及非洲。中国有3种。

节毛飞廉

【形态特征】

茎：株高20~100 cm，茎单生，有条棱，有长分枝或不分枝，茎、枝被稀疏或下部稍稠密的多细胞长节毛。

叶：基部及下部茎生叶长椭圆形或长倒披针形，长6~29 cm，宽2~7 cm，羽状浅裂、半裂或深裂，侧裂片半椭圆形、偏斜半椭圆形或三角形，边缘有大小不等的钝三角形刺齿；向上的叶渐小，与基部及下部茎生叶同形并等样分裂，头状花序下部的叶宽线形或线形；全部茎生叶两面绿色，沿脉有稀疏的多细胞长节毛，两侧沿茎下延成茎翼；茎翼齿裂，齿顶及齿缘有长达3 mm的针刺，头状花序下部的茎翼有时为针刺状。

花：头状花序几无花序梗，3~5个集生或疏松排列于茎端或枝端；总苞片多层，覆瓦状排列，向内层渐长；苞片无毛或被稀疏蛛丝状毛；小花红紫色，长1.7 cm，5深裂，裂片线形。

果：瘦果长椭圆形，但中部收窄，长4 mm，浅褐色。

【生态习性】

生物学特性：二年生或多年生草本。花果期5—9月。种子繁殖。

分布：中国分布于南北各地。欧洲及东北亚有分布。

生境：生于海拔260~3 500 m的山坡、草地、林缘、灌丛、山谷、山沟、水边或田间，较耐干旱。

节毛飞廉

（十一）顶羽菊属

顶羽菊属为多年生草本。茎直立，多分枝。本属为单种属，分布于亚洲。中国西北及华北有分布。

顶羽菊

【形态特征】

茎：株高 25~70 cm，茎单生，或少数簇生，直立，自基部分枝，分枝斜升，茎、枝被蛛丝状毛，叶稠密。

叶：茎生叶质地稍坚硬，长椭圆形、匙形或线形，顶端钝或圆形，或急尖而有小尖头，全缘，无锯齿或有少数不明显细尖齿，或羽状半裂，侧裂片三角形或斜三角形，两面灰绿色，被稀疏蛛丝状毛或无毛。

花：头状花序多数，在茎枝顶端排成伞房花序或伞房圆锥花序；小花两性，管状，花冠粉红色或淡紫色。

果：瘦果倒长卵形，淡白色，顶端圆形。

【生态习性】

生物学特性：多年生草本。花果期5—9月。

分布：中国分布于山西、河北、内蒙古、陕西、青海、甘肃、宁夏、新疆等省区。俄罗斯、蒙古、伊朗有分布。

生境：生于山坡、农田、荒地。

顶羽菊

（十二）花花柴属

花花柴属为多年生草本，茎直立，多分枝。本属仅有1种，分布于亚洲。

花花柴

【别称】胖姑娘娘、卵叶花花柴、狭叶花花柴。

【形态特征】

茎：株高50~100 cm，茎粗壮，直立，多分枝，圆柱形，中空，幼枝有沟或多角形，被密糙毛或柔毛。

叶：叶卵圆形、长卵圆形或长椭圆形，长 1.5~6.5 cm，宽 0.5~2.5 cm，顶端钝或圆形，有圆形或戟形的小耳，抱茎，全缘，有时具稀疏而不规则的短齿，两面被短糙毛，后无毛。

花：头状花序长 13~15 mm，3~7 个生于枝端；苞叶渐小，卵圆形或披针形；总苞卵圆形或短圆柱形，长 10~13 mm；总苞片约 5 层，外层卵圆形，顶端圆形，内层长披针形，边缘有较长的缘毛；小花黄色或紫红色。

果：瘦果长约 1.5 mm，圆柱形，无毛。

【生态习性】

生物学特性：多年生草本。花期 7—8 月，果期 8—9 月。

花花柴

分布：中国分布于新疆、青海、甘肃、内蒙古、宁夏等省区。蒙古、伊朗和土耳其等国有分布。

生境：生于戈壁滩、沙丘、草甸、盐碱地和水田旁。

（十三）牛膝菊属

牛膝菊属为一年生草本。本属有 5 种，主要分布于美洲。中国有 2 种，为归化种，分布于西南各地。

牛膝菊

【别称】铜锤草、珍珠草、向阳花、辣子草。

【形态特征】

茎：株高 10~80 cm，茎纤细，不分枝或自基部分枝，茎、枝被稀疏或上部稠密

牛膝菊

的贴伏短柔毛和少量腺毛。

叶：叶对生，卵形或长椭圆状卵形，长 2.5~5.5 cm，宽 1.2~3.5 cm，基部圆形、宽或狭楔形，顶端渐尖或钝，三出脉或不明显五出脉，有叶柄；向上及花序下部的叶渐小，通常披针形；茎生叶两面粗涩，疏被白色贴伏短柔毛。

花：头状花序半球形，有长花梗，多数在茎枝顶端排成疏松的伞房花序；总苞半球形或宽钟状，舌状花 4~5 朵，舌片白色，管状花黄色。

果：瘦果长 1~1.5 mm，黑色或黑褐色，常压扁，被白色微毛。

【生态习性】

生物学特性：一年生草本。花果期 7—9 月。

分布：原产于南美洲。在中国归化，分布于四川、云南、贵州、西藏等省区。

生境：生于林下、河谷、荒野、河边、田间、溪边或市郊路旁。

（十四）鼠曲草属

鼠曲草属约有 200 种，遍布全世界。中国有 19 种，南北均产。

鼠曲草

【别称】田艾、清明菜、拟鼠麹草、鼠麹草、秋拟鼠麹草。

【形态特征】

茎：株高 10~40 cm，茎直立或基部有匍匐或斜上分枝，被白色厚绵毛。

叶：叶无柄，匙状倒披针形或倒卵状匙形，长 5~7 cm，宽 11~14 mm，上部叶长 15~20 mm，宽 2~5 mm，基部渐狭，稍下延，顶端圆，具刺尖头，两面被白色绵毛。

花：头状花序较多或较少数，近无柄，在枝顶密集成伞房花序，花黄色至淡黄色。

果：瘦果倒卵形或倒卵状圆柱形，有乳头状突起。

【生活习性】

生物学特性：一年生草本。花果期 4—6 月。

分布：中国分布于华东、华南、华中、华北、西北及西南各地。日本、朝鲜、菲律宾、印度尼西亚、印度及中南半岛有分布。

生境：生于低海拔干旱地或湿润草地，尤以稻田周边最常见。

鼠曲草

（十五）旋覆花属

旋覆花属约有 100 种，分布于欧洲、非洲及亚洲，以地中海地区为主。中国有20 余种和多数变种，其中一部分是广布种，中国的特有种集中于西部和西南部。

1. 旋覆花

【别称】猫耳朵、六月菊、金佛草、金佛花、金钱花、金沸草、小旋覆花、条叶旋覆花、旋复花。

【形态特性】

茎：株高 30~70 cm，茎单生，有时 2~3 个簇生，直立，有细沟，被长伏毛，或下部有时无毛，上部有上升或开展的分枝，全部有叶，节间长 2~4 cm。

叶：基部叶常较小；中部叶长圆形，长圆状披针形或披针形，长 4~13 cm，宽 1.5~3.5 cm，基部多少狭窄，常有圆形半抱茎的小耳，无柄，顶端稍尖或渐尖，边缘有小尖头状疏齿或全缘，上面有疏毛或近无毛；上部叶渐狭小，线状披针形。

花：头状花序，直径 3~4 cm，多数或少数排成疏散的伞房花序，花序梗细长，舌状花黄色。

果：瘦果圆柱形，被疏短毛。

【生活习性】

生物学特性：多年生草本。花期 6—8 月，果期 7—9 月。以种子及根茎繁殖。

分布：中国分布于东北、西北、华北、华东、华中、华南、西南等地区。蒙古、朝鲜、日本、俄罗斯西伯利亚地区有分布。

旋覆花

生境：喜生于湿润的土壤中，在轻度盐碱地也能生长，在湿润草地、河岸和水田田埂等地常见。

2. 蓼子朴

【别称】山猫眼、秃女子草、黄喇嘛。

【形态特征】

茎：株高 45 cm，茎平卧或斜升，圆柱形，下部木质，基部直径达 5 mm，基部有密集的长分枝，被白色疣状长粗毛。

叶：叶披针形或长圆状线形，长 5~10 mm，宽 1~3 mm，全缘，基部常心形或有小耳，半抱茎，边缘平或稍反卷，顶端钝或稍尖，稍肉质，上面无毛，下面有腺及短毛。

花：头状花序，直径 1~1.5 cm，单生于枝端；总苞倒卵形，长 8~9 mm；舌状花较总苞长1/2，舌片浅黄色，椭圆状线形，冠毛白色。

果：瘦果长 1.5 mm，有多数细沟，被腺和疏粗毛。

【生态习性】

生物学特性：亚灌木。花期 5—8 月，果期 6—9 月。以根茎上的芽和种子繁殖。

分布：中国分布于华北、西北和辽宁等地。俄罗斯和蒙古等国有分布。

蓼子朴

生境：适生于干旱草原，半荒漠和荒漠地区的戈壁滩地、流沙地、固定沙丘，河湖沿岸冲积地，黄土高原风沙地。

二十一、唇形科

唇形科有 10 亚科，约220 属，3 500 余种，其中单种属约占 1/3，寡种属约占 1/3。中国有 99 属、800 余种。本科中大多数属产于亚洲、非洲、欧洲。

（一）益母草属

益母草属约有 20 种，分布于欧洲、亚洲温带，少数种在美洲、非洲各地逸生。中国有 12 种、2 变型。

1. 益母草

【别称】益母夏枯、森蒂、野麻、地母草、玉米草、黄木草、红梗玉米膏、大样益母草、假青麻草、益母艾、地落艾、艾草、红花艾、红艾、臭艾花、燕艾、臭艾、红花益母草、爱母草、三角小胡麻、坤草、鸭母草、云母草、野天麻、鸡母草、野故草、六角天麻、溪麻、野芝麻、铁麻干、童子益母草、益母花、九重楼、益母蒿、蛰麻菜等。

【形态特征】

茎：株高 30~120 cm，茎直立，钝四棱形，微具槽，有倒向糙伏毛，在节及棱上尤密，多分枝。

叶：叶轮廓变化很大，茎下部叶轮廓卵形，基部宽楔形，掌状 3 裂，裂片长圆状菱形至卵圆形，通常长 2.5~6 cm，宽 1.5~4 cm，裂片上再分裂，上面绿色，有糙伏毛；茎中部叶轮廓菱形，较小，通常分裂成 3 个或稀多个长圆状线形裂片；花序最上部的苞叶近无柄，线形或线状披针形，长 3~12 cm，宽 2~8 mm，全缘或具稀少牙齿。

花：轮伞花序腋生，具花 8~15 朵，轮廓圆球形，直径 2~2.5 cm，多数远离而组成长穗状花序；小苞片刺状，向上伸出；花冠粉红色至淡紫红色，长 1~1.2 cm，伸出萼筒部分被柔毛。

果：小坚果长圆状三棱形，基部楔形，淡褐色。

【生态习性】

生物学特性：一年生或二年生草本。花期 6—8 月，果期 7—9 月。种子繁殖。

分布：中国分布于南北各地。亚洲、非洲以及美洲有分布。

生境：适应性强，可在多种环境下生长，为果园、路埂常见杂草。

益母草

2. 细叶益母草

【别称】 风车草、石麻、红龙串彩、龙串彩、风葫芦草、四美草。

【形态特征】

茎：株高 20~80 cm，茎直立，钝四棱形，微具槽，有短而贴生的糙伏毛，单一，或多数从植株基部发出，不分枝，或于茎上部（稀下部）分枝。

叶：茎最下部的叶早落，中部的叶轮廓卵形，长 5 cm，宽 4 cm，掌状 3 全裂，裂片狭长圆状菱形，其上再羽状分裂成 3 裂的线形小裂片，小裂片宽 1~3 mm，上面绿色，疏被糙伏毛；花序最上部的苞叶轮廓近菱形，3 全裂成狭裂片，中裂片通常再 3 裂，小裂片线形，宽 1~2 mm。

细叶益母草

花：轮伞花序腋生，多花，花时轮廓圆球形，直径 3~3.5 cm，多数，向顶端渐密集组成长穗状花序；小苞片刺状，向下反折。花萼管状钟形，花冠粉红色至紫红色。

果：小坚果褐色，长圆状三棱形。

【生态习性】

生物学特性：一年生或二年生草本。花期 7—8 月，果期 8—9 月。种子繁殖。

分布：中国分布于内蒙古、河北、山西、陕西、宁夏、山东、青海等省区。俄罗斯、蒙古有分布。

生境：生于石质及沙质草地及松林中，为果园、路埂常见杂草。

（二）薄荷属

薄荷属据记载约有 30 种，广泛分布于北半球温带地区，少数种见于南半球。中国现今包括栽培种（可能是杂交起源）在内比较确切的有 12 种，其中 6 种为野生种。

薄荷

【别称】香薷草、鱼香草、土薄荷、水薄荷、接骨草、水益母、见肿消、野仁丹草、夜息香、南薄荷、野薄荷。

【形态特征】

茎：株高 30~60 cm，茎直立，下部数节具纤细的须根及水平匍匐根茎，锐四棱形，具 4 槽，上部被倒向微柔毛，多分枝。

叶：叶长圆状披针形、披针形、椭圆形或卵状披针形，稀长圆形，长 3~5 cm，宽0.8~3 cm，先端锐尖，基部以上疏生粗大的牙齿状锯齿，侧脉 5~6 对，上面淡绿色，通常沿脉密生微柔毛。

花：轮伞花序腋生，轮廓球形，具梗或无梗，花梗纤细，花冠淡紫色。

果：小坚果卵珠形，黄褐色。

【生态习性】

生物学特性：多年生草本。花期 7—9 月，果期 8—10 月。以种子和根茎繁殖。

分布：中国分布于南北各地。亚洲温带、北美洲，俄罗斯远东地区、朝鲜、日本有分布。

薄荷

生境：喜生于湿地，为秋熟作物田和路埂常见杂草。

（三）地肤属

地肤属有 35 种，分布于非洲、欧洲中部、亚洲温带、美洲北部和西部。中国产 7 种、3 变种及 1 变型。

1. 地肤

【别称】扫帚苗（地肤变形）、观音菜、孔雀松。

【形态特征】

茎：株高 50~100 cm，茎直立，圆柱形，淡绿色或带紫红色，有多数条棱，稍有短柔毛或下部几无毛。

叶：叶扁平，披针形或条状披针形，长 2~5 cm，宽 3~7 mm，无毛或稍有毛，先端短渐尖，通常有 3 条明显的主脉，边缘疏生锈色绢状缘毛；茎上部叶较小。

花：花两性或雌性，通常 1~3 朵生于上部叶腋，组成疏穗状圆锥花序，花下有时有锈色长柔毛；花被近球形，淡绿色。

果：胞果扁球形，果皮膜质，与种子离生。种子卵形，黑褐色。

【生态习性】

生物学特性：一年生草本。花期 6—8 月，果期 7—9 月。种子繁殖。

分布：中国分布于南北各地。欧洲及亚洲有分布。

生境：生于田边、路旁、荒地等处。

地肤

2. 碱地肤

本变种与原变种的区别在于，花下有较密的束生锈色柔毛。

中国分布于黑龙江、吉林、辽宁、内蒙古、河北、山西、陕西、甘肃、宁夏、青海、新疆等省区。生于山沟、湿地、河滩、路边、海滨等处。

碱地肤

3. 扫帚菜

扫帚菜为园艺栽培品种，分枝繁多，植株呈卵形或倒卵形，叶较狭。栽培可用于制作扫帚。晚秋枝叶变红，可供观赏。

扫帚菜

二十二、鸢尾科

鸢尾科约有60属、800种，广泛分布于热带、亚热带及温带地区，分布中心为非洲南部及美洲热带地区。中国有11属（其中野生3属，引种栽培8属）、71种、13变种及5变型，主要是鸢尾属植物，多数分布于西南、西北及东北各地。

鸢尾属

鸢尾属约有300种，分布于北温带。中国有60种、13变种及5变型，主要分布于西南、西北及东北。

1. 马蔺

【别称】马莲、马帚、箭秆风、兰花草、紫蓝草、蠡实、马兰花、马兰、白花马蔺。

【形态特征】

茎：根茎粗壮，包有红紫色老叶残留纤维，斜伸。

叶：叶基生，灰绿色，质坚韧，条形或狭剑形，无明显中脉，长约50 cm，宽4~6 mm。

花：花茎高3~10 cm；苞片3~5枚，草质，绿色，边缘白色，披针形，长4.5~10 cm，宽0.8~1.6 cm，内有2~4朵花；花浅蓝色、蓝色或蓝紫色，花被上有深色条纹。

果：蒴果长椭圆状柱形。种子多面体形，棕褐色，有光泽。

【生态习性】

生物学特性：多年生草本。花期5—6月，果期6—7月。

分布：中国分布于黑龙江、吉林、辽宁、内蒙古、河北、山西、山东、河南、安徽、江苏、浙江、湖北、湖南、陕西、甘肃、宁夏、青海、新疆、四川、西藏等省区。朝鲜、俄罗斯及印度有分布。

生境：生于荒地、路旁、山坡草地，尤在过度放牧的盐碱化草场上生长较多。

马蔺

2. 鸢尾

【别称】老鸹蒜、蛤蟆七、扁竹花、紫蝴蝶、蓝蝴蝶、屋顶鸢尾。

【形态特征】

茎：根茎粗壮，二歧分枝，直径约1 cm，斜伸；须根较细而短。

叶：叶基生，黄绿色，稍弯曲，中部略宽，宽剑形，长15~50 cm，宽1.5~3.5 cm，顶端渐尖或短渐尖，基部鞘状，有数条不明显的纵脉。

花：花茎光滑，高20~40 cm，顶部常有1~2根短侧枝，中下部有1~2片茎生叶；苞片2~3枚，绿色，色淡，披针形或长卵圆形；花蓝紫色。

果：蒴果长椭圆形或倒卵形。种子黑褐色，梨形。

【生态习性】

生物学特性：多年生草本。花期4—5月，果期6—8月。

分布：中国分布于山西、陕西、甘肃、宁夏、四川、贵州、云南、西藏、安徽、江苏、浙江、福建、湖北、湖南、江西、广西等省区。缅甸、日本有分布。

生境：生于向阳山坡、林缘及水边湿地。

鸢尾

3. 黄菖蒲

【别称】 黄花鸢尾、水生鸢尾、黄鸢尾。

【形态特征】

茎：根茎粗壮，直径可达2.5 cm，斜伸，节明显，黄褐色。

叶：基生叶灰绿色，宽剑形，长40~60 cm，宽1.5~3 cm，顶端渐尖，基部鞘状，色淡，中脉较明显。

花：花茎粗壮，高60~70 cm，直径4~6 mm，有明显的纵棱，上部分枝，茎生叶比基生叶短而窄；苞片3~4枚，绿色，披针形，长6.5~8.5 cm，宽1.5~2 cm，顶端渐尖；花黄色，直径10~11 cm。

果：蒴果长圆柱形，内有种子多数。种子褐色，有棱角。

【生态习性】

生物学特性：多年生草本。花期5—6月，果期6—7月。

分布：原产于欧洲，中国各地常见栽培。

生境：喜生于河湖沿岸的湿地或沼泽地。

黄菖蒲

二十三、堇菜科

堇菜科有22属、900多种，广泛分布于全世界，温带、亚热带及热带均产。中国有4属，约130种。

堇菜属

堇菜属约有500种，广泛分布于温带、热带及亚热带地区，主要分布于北半球温带地区。中国有111种，南北各省区均有分布，大多数种类分布在西南地区，东北、华北地区种类也较多。

1. 紫花地丁

【形态特征】

茎：无地上茎，株高4~14 cm，果期株高可超过20 cm。根茎短，垂直，有数条淡褐色或近白色的细根。

叶：叶多数，基生，莲座状；下部叶通常较小，三角状卵形或狭卵形；上部叶较长，长圆形、狭卵状披针形或长圆状卵形，长1.5~4 cm，宽0.5~1 cm，先端圆钝，边缘具较平的圆齿。

花：花中等大，紫堇色或淡紫色。

果：蒴果长圆形。种子卵球形，淡黄色。

【生态习性】

生物学特性：多年生草本。花果期 4—9 月。

分布：中国分布于黑龙江、吉林、辽宁、内蒙古、河北、河南、山西、陕西、甘肃、宁夏、山东、江苏、安徽、浙江、江西、福建、台湾、湖北、湖南、广西、四川、贵州、云南等省区。朝鲜、日本、俄罗斯远东地区有分布。

生境：生于田间、荒地、山坡草丛、林缘或灌丛。

紫花地丁

2. 白花地丁

【形态特征】

茎：无地上茎，株高 7~20 cm；根茎短而稍粗，垂直，深褐色或带黑色。

叶：叶通常 3~5 片或较多，均基生；叶片较薄，长圆形、椭圆形、狭卵形或长圆状披针形，长 1.5~6 cm，宽 0.6~2 cm，先端圆钝，疏生波状浅圆齿或有时近全缘，两面无毛，或沿叶脉有细短毛；叶柄细长。

花：花中等大，白色，带淡紫色脉纹；花梗细弱，通常高于叶，或与叶近等高，无毛或疏生细短毛。

果：蒴果长约 1 cm。种子卵球形，黄褐色至暗褐色。

【生态习性】

生物学特性：多年生草本。花果期 5—9 月。

分布：中国分布于黑龙江、吉林、辽宁、内蒙古、宁夏、河北等省区。朝鲜、日本、俄罗斯远东地区有分布。

生境：生于沼泽化草甸、草甸、河岸湿地、灌丛及林缘较阴湿地带。

白花地丁

二十四、牻牛儿苗科

牻牛儿苗科有 11 属，约 750 种，广泛分布于温带、亚热带和热带山地。中国有 4 属、67 种，其中天竺葵属为栽培观赏花卉，其余各属主要分布于温带，少数分布于亚热带山地。

（一）牻牛儿苗属

牻牛儿苗属约有 90 种，主要分布于欧洲、亚洲、非洲、南美洲和澳大利亚。中国已知有 4 种，主要分布于东北、华北、西北及四川西北部、西藏等地。

牻牛儿苗

【别称】太阳花。

【形态特征】

茎：株高 15~50 cm；根为直根，较粗壮，少分枝；茎多数，仰卧或蔓生，具节，被柔毛。

叶：叶对生；托叶三角状披针形，边缘具缘毛；基生叶和茎下部叶具长柄，叶片轮廓卵形或三角状卵形，基部心形，长 5~10 cm，宽 3~5 cm，二回羽状深裂，小裂片卵状条形，全缘或具疏齿，上面被疏伏毛，下面被疏柔毛。

花：伞形花序腋生，明显长于叶；总花梗被开展长柔毛和倒向短柔毛，每梗具 2~5 花；花瓣紫红色，倒卵形。

果：蒴果长约 4 cm。种子褐色，具斑点。

【生态习性】

生物学特性：多年生草本。花期 6—8 月，果期 8—9 月。

分布：中国分布于华北、东北、西北及四川西北部、西藏等地。俄罗斯、日本、

牻牛儿苗

蒙古、哈萨克斯坦、阿富汗、尼泊尔等国有分布。

　　生境：生于山坡、农田边、沙质河滩地和草原凹地等。

（二）老鹳草属

　　老鹳草属约有 400 种，广泛分布于世界各地，但主要分布于温带及热带山区。中国有 55 种和 5 变种，广泛分布于南北各地，但主要分布于西南、内陆山地和温带落叶阔叶林区。

1. 老鹳草

【形态特征】

茎：株高 30~50cm，茎直立，单生，具棱槽。

叶：叶对生，基生叶和茎下部叶具长柄，柄长为叶片的 2~3 倍，被倒向短柔毛，

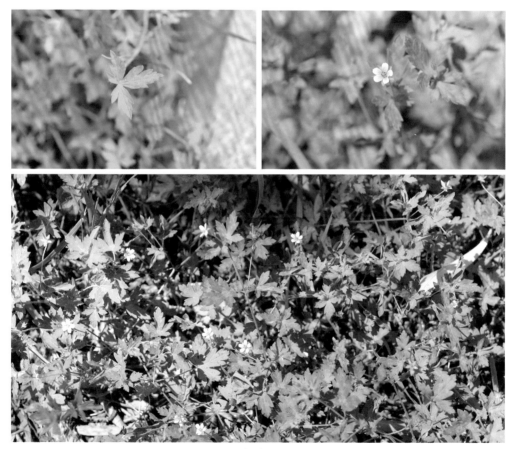

老鹳草

茎上部叶柄渐短或近无柄；基生叶圆肾形，长 3~5 cm，宽 4~9 cm，5 深裂至 2/3 处，裂片倒卵状楔形，下部全缘，上部不规则齿裂；茎生叶 3 裂至3/5 处，裂片长卵形或宽楔形，表面被短伏毛。

花：花序腋生和顶生，稍长于叶，总花梗被倒向短柔毛，有时混生腺毛，每梗具花 2 朵；花瓣白色或淡红色，倒卵形。

果：蒴果长约 2 cm，被短柔毛和长糙毛。

【生态习性】

生物学特性：多年生草本。花期 6—8 月，果期 8—9 月。

分布：中国分布于东北、华北、华东、华中及陕西、甘肃、宁夏、四川等地。俄罗斯、朝鲜和日本有分布。

生境：生于海拔 1 800 m 以下的低山林下、草甸等。

2. 圆叶老鹳草

【形态特征】

茎：株高约 15 cm；根纤细，直立；茎单一，具细条纹。

叶：茎生叶对生，茎下部叶具长柄，叶片肾圆形，长约 1 cm，宽约 1.5 cm，掌状 5 裂至 2/3 处或更深，裂片倒卵状楔形，下部全缘，上部通常 3 浅裂至深裂，小裂片近卵形，先端近圆形或急尖，两面被疏柔毛，背面沿脉被毛较密。

花：总花梗腋生和顶生，等于或稍长于叶；花瓣紫红色，倒卵形。

圆叶老鹳草

果：蒴果长 7~8 mm，果瓣密被贴伏柔毛。

【生态习性】

生物学特性：一年生草本。花期 5—6 月，果期 6—7 月。

分布：分布于新疆、宁夏等地。东欧、南欧、西亚至中亚广泛分布。

生境：生于草原带低山坡等地。

3. 鼠掌老鹳草

【形态特征】

茎：株高 30~70 cm，茎纤细，仰卧或近直立，多分枝，具棱槽。

叶：叶对生，基生叶和茎下部叶具长柄，下部叶片肾状五角形，基部宽心形，

鼠掌老鹳草

长 3~6 cm，宽 4~8 cm，掌状 5 深裂，裂片倒卵形、菱形或长椭圆形，中部以上叶齿状羽裂或齿状深缺刻，下部楔形，两面被疏伏毛，背面沿脉被毛较密；上部叶片具短柄，3~5 裂。

花：总花梗丝状，单生于叶腋，长于叶；花瓣倒卵形，淡紫色或白色，等于或稍长于萼片。

果：蒴果长 15~18 mm，果梗下垂。种子肾状椭圆形，黑色。

【生态习性】

生物学特性：一年生或多年生草本。花期 6—7 月，果期 7—8 月。

分布：中国分布于东北、华北、西北、西南及湖北。欧洲、中亚，高加索地区，蒙古、朝鲜和日本北部有分布。

生境：生于林缘、疏灌丛、河谷草甸。

二十五、石竹科

石竹科有 75（80）属、2 000 种，主要分布于北半球温带和暖温带，少数分布于非洲、大洋洲和南美洲，地中海地区为分布中心。中国有 30 属、388 种、58 变种、8 变型，隶属 3 亚科，几乎遍布全国，以北部和西部为主要分布区。

（一）鹅肠菜属

鹅肠菜属仅 1 种，分布于欧洲、亚洲、非洲温带和亚热带地区。

鹅肠菜

【别称】 鹅儿肠、大鹅儿肠、石灰菜、鹅肠草、牛繁缕。

【形态特征】

茎：长 50~80 cm，茎上升，多分枝，上部被腺毛。

叶：叶卵形或宽卵形，长 2.5~5.5 cm，宽 1~3 cm，顶端急尖，基部稍心形，有时边缘具毛；叶柄长 5~15 mm，上部叶常无柄或具短柄，疏生柔毛。

花：二歧聚伞花序顶生，苞片叶状，边缘具腺毛，花梗细，花瓣白色。

果：蒴果卵圆形。种子近肾形，稍扁，褐色。

【生态习性】

生物学特性：二年生或多年生草本。花期5—8月，果期6—9月。

分布：中国分布于南北各省区。北半球温带、亚热带地区以及北非有分布。

生境：生于海拔350~2 700 m的河流两旁冲积沙地的低湿处或灌丛、林缘、水沟旁。

鹅肠菜

（二）蝇子草属

蝇子草属为一年生、二年生或多年生草本，稀亚灌木状。本属约有400种，主要分布于北温带，其次为非洲和南美洲。中国有112种、2亚种、17变种，广泛分布于长江流域和北部各省区，以西北和西南地区较多。

女娄菜

【别称】桃色女娄菜、王不留行、山蚂蚱菜、霞草、台湾蝇子草、长冠女娄菜。

【形态特征】

茎：株高 30~70 cm，全株密被灰色短柔毛。茎单生或数个，直立，分枝或不分枝。

叶：基生叶倒披针形或狭匙形，长 4~7 cm，宽 4~8 mm，基部渐狭呈长柄状，顶端急尖，中脉明显；茎生叶倒披针形、披针形或线状披针形，比基生叶稍小。

花：圆锥花序较大型，花瓣白色或淡红色，倒披针形。

果：蒴果卵形，长 8~9 mm。种子圆肾形，灰褐色。

【生态习性】

生物学特性：一年生或二年生草本。花期 5—7 月，果期 6—8 月。

分布：中国分布于大部分省区。朝鲜、日本、蒙古和俄罗斯有分布。

生境：生于平原、丘陵或山地。

女娄菜

二十六、罂粟科

罂粟科有 38 属、700 多种，主产于北温带，尤以地中海地区、西亚、中亚、东亚及北美洲西南部为多。中国有 18 属、362 种，南北均产，但以西南部较集中。

秃疮花属

秃疮花属有 3 种。中国均产，2 种分布于西南部至喜马拉雅地区，1 种分布于黄土高原。

秃疮花

【形态特征】

茎：株高 25~80 cm，茎多数，绿色，具粉，上部具多数等高的分枝。

叶：基生叶丛生，狭倒披针形，长 10~15 cm，宽 2~4 cm，羽状深裂，裂片 4~6 对，再次羽状深裂或浅裂；叶柄条形，疏被白色短柔毛，具数条纵纹；茎生叶少数，生于茎上部，羽状深裂、浅裂或二回羽状深裂，裂片具疏齿，先端三角状渐尖，无柄。

秃疮花

花：花 1~5 朵于茎和分枝顶端排成聚伞花序；花瓣倒卵形至回形，黄色。

果：蒴果线形，绿色。种子卵珠形，红棕色。

【生态习性】

生物学特性：通常为多年生草本。花期 5—6 月，果期 6—7 月。

分布：中国分布于云南、四川、西藏、青海、甘肃、陕西、宁夏、山西、河北和河南等省区。

生境：生于海拔 400~2 900 m 的草坡或路旁，田埂、墙头、屋顶也常见。

二十七、紫葳科

紫葳科约有 120 属、650 种，广泛分布于热带、亚热带，少数种类延伸到温带，但欧洲、新西兰不产。中国有 12 属、35 种，南北均产，但大部分种类集中于南方各省区；引种栽培 16 属、19 种。

角蒿属

角蒿属有 15 种，分布于亚洲。中国产 11 种、3 变种。本属多数种类花大而颜色鲜艳，可引种栽培，供观赏。

角蒿

【别称】羊角草、羊角透骨草、羊角蒿、大一枝蒿、冰云草、瘭蒿、萝蒿、莪蒿。

【形态特征】

茎：株高 80 cm，具分枝的茎。

叶：叶互生，不聚生于茎基部，二至三回羽状细裂，长 4~6 cm，小叶不规则细裂，末回裂片线状披针形，具细齿或全缘。

花：总状花序顶生，疏散，长达 20 cm；花萼钟状，绿色带紫红色；花冠淡玫瑰色或粉红色，有时带紫色，钟状漏斗形。

果：蒴果淡绿色，细圆柱形。种子扁圆形，细小。

【生态习性】

生物学特性：一年生至多年生草本。花期 5—8 月，果期 6—9 月。

分布：中国分布于黑龙江、吉林、辽宁、河北、河南、山东、山西、陕西、宁

角蒿

夏、青海、内蒙古、甘肃、四川、云南、西藏等省区。

生境：生于海拔 500~2 500 m 的山坡、田野等处。

二十八、报春花科

报春花科有 22 属，近 1 000 种，分布于全世界，主产于北半球温带地区。中国
有 13 属，近 500 种，产于南北各地，尤以西部高原和山区种类较丰富。

海乳草属

海乳草属仅有 1 种，广泛分布于北温带。

海乳草

【形态特征】

茎：株高 3~25 cm，茎直立或下部匍匐，节间短，通常有分枝。

叶：叶近无柄，对生或有时互生，间距较短，或有时稍疏离，近茎基部的 3~4
对叶鳞片状，线形、线状长圆形或近匙形，长 4~15 mm，宽 1.5~3.5 mm，先端钝或

稍锐尖，全缘。

花：花单生于叶腋，花萼钟形，白色或粉红色，花冠状。

果：蒴果卵状球形，先端稍尖，略呈喙状。

【生态习性】

生物学特性：多年生草本。花期 6 月，果期 7—8 月。

分布：中国分布于黑龙江、辽宁、内蒙古、河北、山东、陕西、甘肃、宁夏、新疆、青海、四川、西藏等省区。日本，欧洲、北美洲有分布。

生境：生于海边、内陆河漫滩盐碱地、沼泽化草甸、沟渠及路边。

海乳草

二十九、茜草科

茜草科为乔木、灌木或草本，有时为藤本。本科属、种数无准确记载，广泛分布于热带和亚热带地区，少数分布至北温带地区。中国有 18 科、98 属、676 种，其中有 5 属是自国外引种的经济植物或观赏植物，主要分布在东南部、南部和西南部，少数分布在西北部和东北部。

茜草属

茜草属为直立或攀缘草本，基部有时木质化，通常有糙毛或小皮刺，茎延长，有直棱或翅。本属有 70 余种，分布于西欧、北欧、地中海沿岸、非洲、亚洲温带、喜马拉雅地区、墨西哥至美洲热带。中国有 36 种、2 变种，产于南北各地，以云南、四川、西藏和新疆种类较多。

茜草

【形态特征】

茎：茎数条至多条，从根茎的节上发出，细长，有 4 棱，棱上有倒生皮刺，中部以上多分枝。

叶：叶通常 4 片轮生，纸质，披针形或长圆状披针形，长 0.7~3.5 cm，顶端渐尖，有时钝尖，基部心形，边缘有齿状皮刺，两面粗糙，脉上有微小皮刺。

花：聚伞花序腋生和顶生，有花 10 余朵至数十朵，花序和分枝均细瘦，有微小皮刺；花冠淡黄色，干时淡褐色。

果：果球形，成熟时橘黄色。

茜草

【生态习性】

生物学特性：草质攀缘藤本。花期7—8月，果期8—9月。

分布：中国分布于东北、华北、西北及四川、西藏等地。朝鲜、日本和俄罗斯远东地区有分布。

生境：常生于疏林、林缘、灌丛或草地。

三十、伞形科

伞形科为一年生至多年生草本，很少为矮小的灌木（热带与亚热带地区）。本科约有200属、2 500种，广泛分布于温热带地区。中国有90余属。本科植物在国民经济中有一定的作用，其中不少种类可用作药材、蔬菜、香料、农药等。

水芹属

水芹属为光滑草本，二年生至多年生，很少为一年生，有成簇的须根。本属约有30种，分布于北半球温带和非洲南部。中国产9种、1变种，主产于西南部及中部。

水芹

【别称】野芹菜、水芹菜。

【形态特征】

茎：株高15~80 cm，茎直立或基部匍匐。

叶：基生叶有柄，柄长达10 cm，基部有叶鞘；叶片三角形，1~2回羽状分裂，末回裂片卵形至菱状披针形，长2~5 cm，宽1~2 cm，边缘有牙齿或圆齿状锯齿；茎上部叶无柄，裂片和基生叶的裂片相似，较小。

花：复伞形花序顶生，无总苞，小伞形花序有花20余朵，萼齿线状披针形；花瓣白色，倒卵形。

果：果实近四角状椭圆形或筒状长圆形，木栓质。

【生态习性】

生物学特性：多年生草本。花期6—7月，果期8—9月。

分布：中国分布于南北各地。印度、缅甸、越南、马来西亚、印度尼西亚的爪哇岛及菲律宾等地有分布。

生境：多生于浅水低洼地或池沼、沟边。

水芹

三十一、大麻科

大麻科多为乔木或灌木，稀为草本或草质藤本。本科有9属，近140种。

葎草属

葎草属有3种，主要分布于北温带及亚热带地区。中国产3种，主要分布于东南部和西南部。

葎草

【别称】 锯锯藤、拉拉藤、葛勒子秧、勒草、拉拉秧、割人藤。

【形态特征】

茎：茎、枝、叶柄均具倒钩刺。

叶：叶纸质，肾状五角形，掌状5~7深裂，稀3裂，基部心脏形，上面疏生糙伏毛，下面有柔毛和黄色腺体，裂片卵状三角形，边缘具锯齿。

花：雄花小，黄绿色，圆锥花序；雌花序球果状，三角形，顶端渐尖，具白色绒毛。

果：瘦果成熟时露出苞片外。

【生态习性】

生物学特性：缠绕草本。花期春夏，果期秋季。

分布：中国除新疆、青海外，其他省区均有分布。日本、越南有分布。

生境：常生于沟边、荒地、废墟、林缘。

葎草

三十二、白花丹科

白花丹科有21属，约580种，分布于世界各地，主要分布于地中海地区和亚洲中部，南半球较少，新西兰尚无本科的记录。中国有7属，约40种，分布于西南、西北、华北、东北、河南和临海各省区，主要产于新疆。一般喜生于日光充足、蒸发量大、空气干燥（或有干旱季节）、土壤排水良好而富含钙质的地方。

补血草属

补血草属约有 300 种，分布于世界各地，但主要产于地中海沿岸。中国有 17~18 种，分布于东北、华北、西北及西藏、河南等地，主要产于新疆。

二色补血草

【别称】矾松、二色匙叶草、二色矾松、蝇子架、苍蝇花、苍蝇架、花茎柴、荚膜叶、荚蘑根、情人草。

【形态特征】

茎：株高 20~50 cm，全株（除萼外）无毛。

叶：叶基生，偶可见花序轴下部 1~3 节上有叶，花期叶常存在，匙形至长圆状

二色补血草

匙形，长 3~15 cm，宽 0.5~3 cm，先端通常圆或钝。

花：花序圆锥状，花序轴单生，通常有 3~4 个棱角，穗状花序有柄至无柄，排列在花序分枝的上部至顶端，由 3~5 个小穗组成；小穗含 2~5 朵花；萼檐初时淡紫红或粉红色，后变白色，花冠黄色。

【生态习性】

生物学特性：多年生草本。花期 5—7 月，果期 6—8 月。

分布：中国分布于东北、黄河流域各省区和江苏等地。蒙古有分布。

生境：主要生于平原，也见于山坡下部、丘陵和海滨，喜生于含盐的钙质土壤或沙地。

三十三、酢浆草科

酢浆草科为一年生或多年生草本，极少为灌木或乔木。本科有 7~10 属，1 000余种，主产于南美洲，其次为非洲，亚洲较少。中国有 3 属，约 10 种，分布于南北各地。其中阳桃属是已经驯化了的引种栽培乔木，是中国南方木本水果之一。

酢浆草属

酢浆草属约有 800 种，全世界广泛分布，但主要分布于南美洲和南非，特别是好望角。中国有 5 种、3 亚种、1 变种，其中 2 种为驯化的外来种。

酢浆草

【别称】酸三叶、酸醋酱、鸠酸、酸味草。

【形态特征】

茎：株高 10~35 cm，全株被柔毛；茎细弱，多分枝，直立或匍匐，匍匐茎节上生根。

叶：叶基生或茎上互生，小叶 3 片，无柄，倒心形，长 4~16 mm，宽 4~22 mm，先端凹入，基部宽楔形，两面被柔毛或表面无毛。

花：花单生或数朵集为伞形花序状，腋生，总花梗淡红色，花瓣黄色，长圆状倒卵形。

果：蒴果长圆柱形。种子长卵形，褐色或红棕色。

【生态习性】

生物学特性：一年生草本。花果期5—9月。

分布：中国广泛分布。亚洲温带和亚热带、欧洲、北美洲和地中海地区皆有分布。

生境：生于山坡草池、河谷沿岸、路边、田边、荒地或林下阴湿处等地。

酢浆草

第二章 绿色稻谷生产常用除草剂

绿色食品，是指产自优良生态环境、按照绿色食品标准生产、实行全程质量控制并获得绿色食品标志使用权的安全、优质食用农产品及相关产品。

为了和普通食品区别开，绿色食品有统一的标志。绿色食品标志图形由三部分构成，即上方的太阳、下方的叶片和中间的蓓蕾。绿色食品分为两个等级，即AA 级绿色食品和 A 级绿色食品。AA 级绿色食品标志与字体为绿色，底色为白色；A 级绿色食品标志与字体为白色，底色为绿色。绿色食品标志提醒人们要保护环境和防止污染，通过改善人与环境的关系，创造自然界新的和谐。

绿色稻谷生产中农药的使用要按照《绿色食品 农药使用准则（NY/T 393—2020)》规定执行。

第一节 灭生性除草剂

将除草剂有效成分喷施到植株表面，不加选择地杀死各种杂草和作物，这种除草剂称为灭生性除草剂，如百草枯、克无踪、草甘膦、草铵膦等。

草铵膦

草铵膦也称草丁膦、保试达、百速顿。20 世纪 80 年代由德国赫斯特公司开发生产（现归属拜耳公司），是一种高效、广谱、低毒的非选择性触杀型除草剂。

【毒性】 低毒。急性经口 LD_{50}（mg/kg）：雌大鼠 1 620，雄大鼠 2 000，雌小鼠 416，雄小鼠 431，狗 200~400。大鼠（雌，雄）急性经皮 $LD_{50}>4\ 000$ mg/kg。对兔眼睛、兔皮肤无刺激性。空气吸入 LC_{50}（4 h，mg/L）：雄大鼠 1.26、雌大鼠 2.60（粉剂），大鼠>0.62（喷雾）。大鼠饲喂试验无作用剂量（2 年）2 mg/（kg·d）。

【环境行为】

动物：90%的代谢物通过粪便迅速排出体外。

植物：非选择性使用，只有一种代谢物，即 3-（甲基）膦酰基丙酸（3-MPP），主要通过土壤途径排出，残留物大部分是母体化合物草铵膦铵盐，极少部分是 3-MPP。选择性使用，主要代谢物是 N-乙酰基草铵膦，极少部分是母体化合物和 3-MPP。

土壤/环境：在土壤表层、水中迅速降解，因为极性原因，草铵膦及其代谢物不会进行生物蓄积。土壤中 DT_{50} 为 3~10 d（实验室）和7~20 d（田间），DT_{90} 为 10~30 d（实验室）；水中DT_{50} 为 2~30 d。

【作用机理与特点】 草铵膦属于膦酸类除草剂，被喷洒到植物体上时，能够迅速通过茎叶被吸收入植物体内，并依赖植物蒸腾作用在木质部进行传导，能够抑制植物氮代谢途径中的谷氨酰胺合成酶，从而干扰植物代谢，使植物死亡。草铵膦具有杀草谱广、低毒、活性高、与环境相容性好等特点，其发挥活性作用的速度比百草枯慢而优于草甘膦。但其接触土壤后会被土壤中的微生物迅速分解而失效，因此植物根部对草铵膦的吸收很少，甚至几乎不吸收。

【适用作物】 观赏灌木、苗木、马铃薯、果树等。

【防除对象】 主要用于防除一年生和多年生禾本科杂草，如看麦娘、野燕麦、马唐、稗、狗尾草、狗牙根、剪股颖、芦苇、羊茅等，也可防除藜、苋、荠、龙葵、繁缕、马齿苋、猪殃殃、苦苣菜、田旋花、蒲公英等阔叶类杂草，对莎草科和蕨类植物也有一定效果。

【应用技术】 草铵膦为触杀型药剂，使用时必须将药液喷于杂草茎叶上才能奏效。作物行间使用时一定要定向喷雾，避免喷药时药液飘移，切勿将药液溅到作物的嫩芽或绿色部分，否则容易产生药害。本品每季最多使用 1 次。

【使用方法】 杂草生长旺盛期，每亩（1 亩等于 666.7 m^2，余同）用 30%草铵膦水剂 300~400 mL 兑水喷雾。

【注意事项】草铵膦为非选择性除草剂，喷雾时应避免药液飘移到邻近作物田，防止产生药害。使用前请务必仔细阅读标签，并严格按照标签说明使用。预计6 h内降雨，请勿施药。水产养殖区、河塘等水体附近禁用，地下水、饮用水水源地禁用，禁止在河塘等水体中清洗施药器具。用过的器具应妥善处理，不可挪作他用，也不可随意丢弃。使用本品时应穿戴防护服、口罩和手套等，避免吸入药液。施药期间不可吃东西和饮水等。施药后，彻底清洗器械，并立即用肥皂洗手和洗脸。孕妇及哺乳期妇女避免接触本品。

【中毒急救措施】中毒症状：头昏、头痛、恶心、呕吐、腹泻、腹痛、发热、涎多、面色苍白、视力模糊、呼吸困难、昏迷，严重者可因呼吸衰竭而死亡。急救措施：接触皮肤，用肥皂和清水清洗；不慎吸入，立即将患者移至空气清新处；溅入眼睛，立即用流动清水彻底清洗至少15 min；误食，立即停止服用，用1%碳酸氢钠或1%食盐水洗胃，并视中毒轻重酌量口服或肌注阿托品，同时肌注解磷定等，必要时静脉补液或输血。忌用吗啡、氯丙嗪。

【贮存和运输方法】草铵膦应贮存在干燥、阴凉、通风、防雨处，远离火源或热源。置于儿童及无关人员触及不到之处，并加锁。勿与食品、饮料、粮食、饲料等物品同贮同运。

【主要单剂】10%、18%、20%、23%、30%、50%水剂，18%、30%、50%可溶液剂，88%可溶粒剂等。

【生产企业】侨昌现代农业有限公司、山东圣鹏科技股份有限公司、江苏常熟市农药厂有限公司、安徽美程化工有限公司、海利尔药业集团股份有限公司、宁夏新安科技有限公司、巴斯夫欧洲公司、陕西韦尔奇作物保护有限公司、江苏苏州富美实植物保护剂有限公司、浙江新安化工集团股份有限公司、山东奥坤作物科学股份有限公司等。

【主要混剂】13.6%、19.5%、27.2%的2甲·草铵膦可溶液剂，13%、16%、28%的2甲·草铵膦水剂，32%氧氟·草铵膦悬浮剂等。

第二节　土壤封闭药剂

　　土壤封闭药剂一般喷洒于土壤表层或拌入土壤中，建立起一个除草剂封闭层，以杀死萌发的杂草。

一、苄嘧磺隆

苄嘧磺隆也称农得时，是磺酰脲类除草剂，由美国杜邦公司于1984年开发，其特点是活性高、杀草谱广、用药量低，1986年在中国获准临时登记。

【毒性】微毒。大鼠急性经口 $LD_{50}>5\ 000$ mg/kg，小鼠急性经皮 LD_{50} $>10\ 985$ mg/kg，大鼠吸入 LC_{50}（4 h）>7.5 mg/L。对兔眼睛、皮肤无刺激性，对兔皮肤无致敏性。饲喂试验无作用剂量 [90 d，mg/（kg·d）]：大鼠 1 500，雄小鼠300，雌小鼠3 000，狗1 000。在试验条件下，对动物未发现致畸、致突变、致癌作用。

对鱼、鸟、蜜蜂低毒。

【环境行为】

动物：在大鼠和山羊体内通过尿和粪便进行生物转移和快速排泄，主要的代谢途径包括羟基化和去甲基化。

植物：被水稻吸收以后转变成无除草活性的代谢物。

土壤/环境：在沙土中 DT_{50} 为 88.5 d，在土壤水中DT_{50} 为 16~21 d。

【作用机理与特点】苄嘧磺隆是选择性内吸传导型除草剂，支链氨基酸合成抑制剂，通过抑制必需氨基酸（如缬氨酸、异亮氨酸）的合成起作用，从而阻止细胞分裂和植物生长，在植物体内的快速代谢使其具有选择性。有效成分通过杂草根部和叶片吸收并转移到分生组织，阻碍缬氨酸、异亮氨酸的生物合成，阻止细胞的分裂和生长，敏感杂草生长机能受阻，幼嫩组织过早发黄，并抑制叶部生长、阻碍根部生长而坏死，在苗前或苗后选择性控制一年生或多年生杂草。

【适用作物】水稻。本品有效成分进入水稻体内迅速代谢为无害的惰性化学物，对水稻安全。

【防除对象】用于防除阔叶类及莎草科杂草，如鸭舌草、眼子菜、节节菜、雨久花、野慈姑、矮慈姑、陌上菜、花蔺、萤蔺、水虱草、牛毛毡、异型莎草、水莎草、碎米莎草、泽泻、窄叶泽泻、小茨藻、马齿苋等，对禾本科杂草效果差，但高剂量对稗、狼耙草、李氏禾、三棱水葱、扁秆荆三棱等有一定的抑制作用。

【应用技术】施药时稻田内必须有水层3~5 cm，使药剂均匀分布，施药后 7 d 内不排水、串水，以免降低药效；水稻插秧前至插秧后 20 d 均可使用，但以插秧后

5~15 d 施药为佳。

【使用方法】苄嘧磺隆的使用方法灵活，可用毒土法、喷雾法、泼浇法等，其在土壤中移动性小，温度、土质对其除草效果影响小。

直播田使用苄嘧磺隆时应尽量缩短整地与播种间隔期，施药期为水稻出苗后、稗3叶前。也可使用混剂，如每亩用10%苄嘧磺隆13~17 g 加96%禾草敌100~160 mL。施药方法为毒土法或喷雾法，必须注意的是施药前杂草应露出水面，施药后2 d 灌水，保持3~5 cm 的水层7~10 d。

【注意事项】苄嘧磺隆适用于阔叶类及莎草科杂草占优势、稗少的地块。该药可与除稗剂混用扩大杀草谱，但不得与氰氟草酯混用，二者施用间隔期至少10 d。与后茬作物的安全间隔期：南方地区80 d，北方地区90 d。

【中毒急救措施】对眼睛、皮肤和黏膜有刺激作用，不是大量摄入，没有全身中毒症状。根据中毒症状进行治疗，没有专门的解毒药。如不慎接触皮肤和黏膜，用水冲洗。如果摄入，要催吐。

【主要单剂】10%、30%、32%、60%可湿性粉剂，30%、60%水分散粒剂，5%颗粒剂，1.1%水面扩散剂。

【生产企业】美国杜邦公司、广西安泰化工有限责任公司、重庆市山丹生物农药有限公司、浙江天一生物科技有限公司、浙江天丰生物科学有限公司、江苏富田农化有限公司、江苏天容集团股份有限公司、吉林省八达农药有限公司、上海杜邦农化有限公司、江苏快达农化股份有限公司、辽宁省沈阳市和田化工有限公司等。

【主要混剂】16%、20%苄嘧·二甲戊可湿性粉剂，40%苄嘧·丙草胺可湿性粉剂，40%苄嘧·丙草胺可分散油悬浮剂，0.2%苄嘧·丙草胺颗粒剂等。

二、丙草胺

丙草胺也称瑞飞特、扫茀特，是由汽巴—嘉基公司（现 Syngenta 公司）开发的氯乙酰胺类除草剂。

【毒性】低毒。急性经口 LD_{50}（mg/kg）：大鼠 6 099，小鼠 8 537，兔>10 000。大鼠急性经皮 LD_{50}>3 100 mg/kg，大鼠急性吸入 LC_{50}（4 h）>2.8 mg/L。对兔眼睛无刺激性，对兔皮肤有刺激性。饲喂试验无作用剂量 [mg/(kg·d)]：大鼠 30（2 年），小鼠 300（2 年），狗 300（0.5 年）。在试验条件下，对动物未发现致畸、致突变、致癌作用。

对鱼高毒。

【环境行为】

动物：谷胱甘肽取代氯原子形成配位化合物，醚键断裂得到乙醇衍生物，所以代谢物易进一步分解。

植物：谷胱甘肽取代氯原子形成配位化合物，醚键断裂得到乙醇衍生物，水解和还原去掉氯原子。

土壤/环境：水稻田中，丙草胺被土壤吸收，迅速分解，DT_{50}（实验室）30 d，由于土壤吸附性强，因此不易渗漏。

【作用机理与特点】丙草胺主要通过阻碍蛋白质的合成而抑制细胞生长，并对光合作用及呼吸作用有间接影响。本品可通过植物下胚轴、中胚铀和胚芽鞘吸收，根部略有吸收，不影响种子发芽，只能使幼苗中毒。本品通过影响细胞膜的渗透性，使离子吸收减少，抑制细胞的有效分裂，同时抑制蛋白质的合成和多糖的形成。中毒的症状为初生叶不出土或从芽鞘侧面伸出，扭曲，不能正常伸展，叶变深绿色，生长发育停止，直至死亡。

【适用作物】水稻。水稻对丙草胺有较强的分解能力，可使丙草胺分解为无活性物质，从而具有一定的选择性。但是，水稻芽对丙草胺的耐药力并不强，为了早期施药的安全，应在丙草胺中加入安全剂 CGA_{123407}，提高药剂对水稻芽及幼苗的安全性。这种安全剂通过水稻根部吸收而发挥作用，其机制尚在研究之中。丙草胺在田间的持效期为 30~40 d。丙草胺加安全剂适用于直播田和育秧田，可保护水稻不受伤害，但不保护其他禾本科植物。

【防除对象】用于防除稗、马唐、千金子等一年生禾本科杂草，同时防除部分一年生阔叶类和莎草科杂草，如陌上菜、丁香蓼、鸭舌草、节节菜、萤蔺、碎米莎草、异型莎草、牛毛毡等。

【应用技术】田块平整对保证防除效果十分重要，高渗漏的稻田不宜使用丙草胺，因为渗漏会把药剂过多地集中在根区，往往产生轻度药害。丙草胺是早期除草剂，用药时间不宜太晚，杂草 1.5 叶后耐药能力会迅速增强，影响防除效果。丙草胺杀草谱较广，但各地杂草有很大的差异，提倡与其他阔叶类杂草除草剂混用，以扩大杀草谱。施药时，田间应有 3 cm 左右的水层，并保持水层 3~5 d，以充分发挥药效。可在插秧前或插秧后施药，插秧前 1~2 d 稻田平整后，将药剂施入或拌细沙土撒入田中，然后插秧；如果在插秧后施药，可在插秧后 2~4 d，拌细沙土撒入田中，保持浅水层 3~5 d，水层不能淹没秧苗心叶。水稻在 3 叶期以后自身有很强的分解丙草胺的能力，但在 2.1 叶及其以前的阶段降解能力尚未达到较高水平，易发生药害。

【使用方法】丙草胺为苗前选择性除草剂，水稻插秧前以每亩用 50%丙草胺60~80 mL 为宜，土壤有机质含量较低的水稻田每亩用 60~70 mL，土壤有机质含量较高的水稻田每亩用 70~80 mL，也可在水稻插秧后 3~5 d，采用毒土法撒于稻田中。

丙草胺加安全剂的使用。直播田每亩用 30%丙草胺乳油（扫茀特）100~150 mL，扫茀特中的安全剂主要通过根部吸收，因此，直播田和育秧田必须在催芽后播种，播后 1~4 d 施药，才能保证对水稻安全。大面积使用时，可在水稻立针期后喷雾（播后 3~5 d），以利于安全剂的充分吸收。插秧田使用扫茀特安全有效，可在插秧后 3~5 d 施药，扫茀特的施药方法以喷雾为主。喷雾时田间应有浅水层，施药后要保持浅水层 3 d，以利于药剂均匀分布，充分发挥药效，3 d 后恢复正常水管理。

【注意事项】本品每季最多使用 1 次。请按照农药安全使用准则使用本品。应注意与其他作用机理除草剂合理轮换或混用，以延缓抗药性发生。避免药液接触皮肤、眼睛和污染衣物，避免吸入雾滴。切勿在施药时抽烟或饮水、进食等。未用完的制剂应放在原包装内密封保存，切勿将本品置于饮食容器内。

【中毒急救措施】按标签推荐方法使用，无典型中毒症状。用药时如果感觉不适，应立即停止工作，采取急救措施，并携药品标签到医院就诊。接触皮肤：立即脱掉被污染的衣物，用大量清水彻底清洗受污染的部位，如皮肤刺激感持续，请医生诊治。溅入眼睛：立即将眼睑翻开，用清水冲洗至少 15 min，再请医生诊治。本品无专用解毒剂。

【主要单剂】30%、50%乳油，50%水乳剂，85%微乳剂，40%可湿性粉剂，30%细粒剂。

【生产企业】瑞士先正达作物保护有限公司、江苏莱科化学有限公司、安徽尚禾沃达生物科技有限公司、南通金陵农化有限公司、美丰农化有限公司、辽宁大连松辽化工有限公司、江苏常隆农化有限公司、安徽合肥星宇化学有限责任公司、辽宁省沈阳市和田化工有限公司、侨昌现代农业有限公司、山东科赛基农生物科技有限公司、浙江天丰生物科学有限公司等。

【主要混剂】 35%丙噁·丙草胺可分散油悬浮剂，31%、31.5 五氟磺草胺·丙草胺可分散油悬浮剂，25%硝磺草酮·丙草胺细粒剂等。

三、二甲戊灵

二甲戊灵也称二甲戊乐灵、除草通、除芽通、施田补，是由美国 Cyanamid 公司（现 BASF 公司）开发的苯胺类除草剂。

【毒性】 低毒。急性经口 LD_{50}（mg/kg）：大鼠>5 000，雄小鼠 3 399，雌小鼠 2 899，犬>5 000。兔急性经皮 LD_{50}>5 000 mg/kg，大鼠急性吸入 LC_{50} 320 mg/L。对兔眼睛无刺激性。在试验条件下，对动物未发现致畸、致突变、致癌作用。

对鱼及水生生物高毒。

【环境行为】

动物：二甲戊灵的主要代谢途径包括 4-甲基和 N-1-乙基的羟基化，烷基氧化成羧酸，硝基还原、合环及结合。

植物：苯环 4 位的甲基通过醇氧化成羧酸，氨基上的氮也能被氧化。在作物成熟时，作物上的残留低于最低剂量要求（0.05 mg/L）。

土壤/环境：二甲戊灵在土壤中容易被吸附，且难被解吸，其吸附属于物理性吸附。其在土壤中通过土壤微生物（主要是一些真菌和固氮细菌）的作用降解，降解机制主要是脱硝基作用（硝基还原作用）和脱烷基作用。

【作用机理与特点】 二甲戊灵为分生组织细胞分裂抑制剂，不影响杂草种子的萌发，在杂草种子萌发过程中，通过幼芽、幼茎、幼根吸收药剂而起作用。双子叶植物吸收部位为下胚轴，单子叶植物吸收部位为幼芽，受害症状为幼芽和次生根被抑制，最终死亡。

【适用作物】 大豆、玉米、水稻、棉花、烟草、花生、白菜、胡萝卜、葱、大蒜及果树。

【防除对象】 用于防除一年生禾本科和某些阔叶类杂草，如马唐、牛筋草、稗、早熟禾、反枝苋、凹头苋、车前、看麦娘、狗尾草、稷、地肤、龙爪茅、异型莎草、宝盖草等。

【应用技术】 防除单子叶杂草效果比防除双子叶杂草效果好，因此在双子叶杂草发生较多的田块，可同其他除草剂混用。为增强土壤吸附性、减轻除草剂对作物的药害，在土壤处理时，应先浇水后施药；当土壤黏重或有机质含量超过 2%时，应使用高剂量。

【使用方法】苗前、苗后均可使用，使用剂量为每亩用 33%二甲戊灵乳油 150~300 mL，兑水喷雾或采用毒土法撒施。

【注意事项】本品每季最多使用 1 次。施药时必须穿戴防护衣或采取保护措施。施药时不能吃东西、饮水、吸烟等。施药后用肥皂及清水彻底清洗脸及其他裸露部位。避免药液接触皮肤、眼睛或衣物。避免吸入雾滴，不慎吞服或吸入对人体有害。不要在有热源或明火处使用该产品。避免药液直接喷洒于水源。在清洗药械或处理废弃物时不要污染水及水源。

【中毒急救措施】不慎接触皮肤，用肥皂和清水清洗皮肤表面，如皮肤刺激感持续，携标签请医生诊治。不慎溅入眼睛，用清水冲洗眼睛至少 15 min，如有刺激感，携标签请医生诊治。不慎误食或吞服药液，勿引吐，携标签立即就医。本品无特效解毒剂。

【主要单剂】33%乳油、40%悬浮剂、60%可湿性粉剂、450 g/L 微囊悬浮剂等。

【生产企业】辽宁大连松辽化工有限公司、山东科赛基农生物科技有限公司、浙江天丰生物科学有限公司、巴斯夫欧洲公司、安徽尚禾沃达生物科技有限公司等。

【主要混剂】34%的氧氟·甲戊灵乳油，16%苄嘧·二甲戊灵可湿性粉剂等。

四、丙炔噁草酮

丙炔噁草酮也称稻思达、快噁草酮，是由罗纳—普朗克公司开发的噁二唑酮类除草剂。

【毒性】低毒。大鼠急性经口 LD_{50}>5 000 mg/kg，大鼠急性经皮 LD_{50}>2 000 mg/kg，兔急性经皮 LD_{50}>2 000 mg/kg，大鼠急性吸入 LC_{50}（4 h）>5.16 mg/L。对兔皮肤无刺激性，对兔眼睛有轻微刺激性。在试验条件下，对动物未发现致畸、致突变作用。

对鱼、蜜蜂、鸟低毒。

【环境行为】

动物：7 d 后约 90%通过粪便和尿液排泄。代谢过程是 O-脱烷基化反应、氧化和结合反应。在对山羊和母鸡代谢过程的研究中并没有发现丙炔噁草酮在奶、蛋和可食用组织中积累。

植物：向日葵、水稻在收获时残留水平很低，主要是其母体化合物。

土壤/环境：DT_{50}（实验室，有氧）18~72 d（20~30 ℃），形成两个主要产物，其中一个是除草剂，另一个逐渐降解，最终矿化生成二氧化碳和土壤残留。丙炔噁草酮在水中迅速消散，进入沉积层，在厌氧条件下更容易降解。田间试验结果与实验室结果基本一致：DT_{50} 9~25 d，平均 DT_{90} 90 d；丙炔噁草酮及其主要代谢物 DT_{50} 9~31 d，DT_{90} 65~234 d。95%以上丙炔噁草酮残留物留在 10 cm 土壤中，在 30 cm 以下土壤中未发现残留物。

【作用机理与特点】丙炔噁草酮为原卟啉原氧化酶抑制剂，主要用作水稻插秧田土壤封闭处理的选择性触杀型苗期除草剂，在杂草出苗前后通过敏感杂草的幼芽或幼苗吸收而起作用。丙炔噁草酮与噁草酮相似，施于稻田水中，经过沉降，逐渐被表层土壤胶体吸附形成一个稳定的药膜封闭层，当其后萌发的杂草幼芽经过此药层时，会接触吸收并有限传导药液，在有光的条件下，使接触部位的细胞膜破裂、叶绿素分解，并使生长旺盛部位的分生组织遭到破坏，最终使受害的杂草幼芽枯萎死亡，而施药之前已经萌发出土但尚未露出水面的杂草幼苗，则在药剂沉降之前即从水中接触吸收到足够的药剂，很快坏死腐烂。丙炔噁草酮在土壤中的移动性较小，因此不易触及杂草根部，持效期长，可持续 30 d 左右。

【适用作物】水稻、马铃薯、向日葵、蔬菜、果树等。对作物的选择性是基于药剂在作物植株中的代谢机理与在杂草中不同，丙炔噁草酮在水中很快沉降，并能在厌氧条件下降解，因此不存在长期残留于水中和土壤中的问题。

【防除对象】用于防除阔叶类杂草，如苘麻、鬼针草、藜属杂草、苍耳、圆叶锦葵、鸭舌草、蓼属杂草、龙葵、苦苣菜、节节菜等；禾本科杂草，如稗、千金子、蔄藜、马唐等；莎草科杂草，如异型莎草、碎米莎草、牛毛毡等。

【应用技术】丙炔噁草酮对水稻的安全幅度较窄，不宜在弱苗田、制种田、抛秧田及糯稻田使用。丙炔噁草酮应在杂草出苗前或出苗后的早期用于插秧田，最好在插秧前施用，也可在插秧后施用。在插秧前施用时，应在耙地后整平时将配好的药液均匀泼浇于稻田，配制药液时要先将药剂溶于少量水中，然后按每亩掺进 15 L 水充分搅拌均匀，施药之后要 3 d 以后再插秧。在插秧后施用时，也要先将药剂溶于少量水中，然后每亩拌入备好的 15~20 kg 细沙或适量化肥搅拌均匀，再均匀施到田里，插秧后 7~10 d 才可施药，施药时要求水层 3~5 cm 深，施药后至少保持该水层 5~7 d，缺水补水，切勿大水淹没秧苗心叶。丙炔噁草酮在稗草 1.5 叶期以前和莎草科杂草、阔叶类杂草萌发初期施用防除效果最好，东北地区播前施用。丙炔噁草酮按当地的用药习惯和实际需要既可以一次性施用，也可以分 2 次施用，高寒地区最好分 2 次施用。

【使用方法】

单用：一次性施药，每亩用 80%丙炔噁草酮水分散粒剂 6 g；分 2 次施药，第一次每亩用 80%丙炔噁草酮水分散粒剂 6 g，第二次每亩用 80%丙炔噁草酮水分散粒剂 4 g。

混用：一次性施药，每亩用 80%丙炔噁草酮水分散粒剂 6 g 加 10%苄嘧磺隆可湿性粉剂 20~30 g 或 10%吡嘧磺隆可湿性粉剂 10~15 g 或 15%乙氧嘧磺隆水分散粒剂 10~15 g 或 10%环丙嘧磺隆可湿性粉剂 13~17 g；分 2 次施药，第一次每亩用 80%丙炔噁草酮水分散粒剂 6 g，第二次每亩用 80%丙炔噁草酮水分散粒剂 4 g 加 10%苄嘧磺隆可湿性粉剂 20~30 g 或 10%吡嘧磺隆可湿性粉剂 10~15 g 或 15%乙氧嘧磺隆水分散粒剂 10~15 g 或 10%环丙嘧磺隆可湿性粉剂 13~17 g。

【注意事项】丙炔噁草酮对鱼、水溞、藻类等水生生物有毒，鱼或虾蟹套养稻田禁用，施药后的田水不得直接排入水体。远离水产养殖区、河塘等水体施药，地下水、饮用水水源附近禁用。严禁在河塘等水体清洗施药器具，禁止将残液倒入湖泊、河流或池塘等，以免污染水源。

【中毒急救措施】本品对皮肤和眼睛有刺激性。接触皮肤：立即脱掉污染的衣物，用肥皂和大量清水冲洗皮肤暴露部位。如皮肤刺激感持续，请医生诊治。溅入眼睛：立即翻开眼睑，用清水冲洗至少 15 min，再请医生诊治。

【主要单剂】10%、25%、38%可分散油悬浮剂，10%乳油，15%悬浮剂，8%、80%水分散粒剂，12%水乳剂，80%可湿性粉剂等。

【生产企业】连云港市金囤农化有限公司、合肥星宇化学有限责任公司、安徽科立华化工有限公司、燕化永乐（乐亭）生物科技有限公司、黑龙江华诺生物科技有限责任公司、侨昌现代农业有限公司、浙江天一生物科技有限公司、拜耳股份公司等。

【主要混剂】20%丙噁·氧·丙草水乳剂，32%丙噁·丙草胺可湿性粉剂，15%丙噁·五氟磺可分散油悬浮剂等。

五、乙氧氟草醚

乙氧氟草醚也称果尔，是由罗门哈斯公司（现美国陶氏益农公司）开发的二苯醚类除草剂。

【毒性】低毒。大鼠急性经口 LD_{50}>5 000 mg/kg，兔急性经皮 LD_{50}>10 000 mg/kg，大鼠急性吸入 LC_{50}（4 h）>5.4 mg/L。对兔皮肤有轻度刺激性，对兔眼睛有轻度至中等刺激性。饲喂试验无作用剂量［2 年，mg/（kg·d）］：大鼠 40，小鼠 2，狗 100。在试验条件下，对动物未发现致畸、致突变、致癌作用。

对鱼和一些水生动物高毒。

【环境行为】

植物：在植物体内不容易代谢。

土壤/环境：强烈地吸附在土壤中，不容易脱附，浸出物可以忽略不计。在水中光解速度很快，在土壤中很慢。田间降解DT_{50} 5~55 d；土壤 DT_{50}（无光）：292 d（有氧），约 580 d（厌氧）。

【作用机理与特点】乙氧氟草醚为原卟啉原氧化酶抑制剂，是一种触杀型除草剂，在有光的情况下发挥杀草作用，主要通过胚芽鞘、中胚轴进入植物体内，经根部吸收较少，并有极微量通过根部向上运输送入叶部。

【适用作物】水稻、棉花、麦类、油菜、洋葱、大蒜、茶树、果树以及幼林等。

【防除对象】主要用于防除稗、异型莎草、碎米莎草、鸭舌草、水虱草、节节菜、牛毛毡、泽泻、半边莲、水苋菜、千金子等，对水绵、水芹、萤蔺、矮慈姑等亦有较好的防除效果。

【应用技术】乙氧氟草醚为触杀型除草剂，无内吸活性，故喷药时要求均匀周到，施药剂量要准确。为防止乙氧氟草醚对水稻产生药害，应采用药土法，该法比喷雾法安全。应在露水干后施药，施药田应整平，同时在用药后严格控制水层，切忌水层淹没秧苗心叶；切忌在气温低于 20 ℃、土温低于 15 ℃时，或在秧苗过小、遭伤害未能恢复的稻苗上施用。

水稻田苗前和苗后早期施用效果较好，能防除阔叶类杂草、莎草科杂草及稗，但对多年生杂草只有抑制作用。在水田里，施入水层 24 h 内沉降在土表，水溶性极低，移动性小，施药后很快吸附于 0~3 cm 表土层中，不易垂直向下移动，3 周内被土壤中的微生物分解成二氧化碳，在土壤中半衰期为 30 d 左右。

【使用方法】

单用：水稻插秧后 7~13 d 施药，每亩用 24% 乙氧氟草醚 10~20 mL，加水 300~500 mL 配成母液，与 15 kg 细沙或土搅拌均匀撒施，或将 24% 乙烯乙氧氟草醚 10~20 mL 加水 1.5~2 L 装入盖上打有 2~4 个小孔的瓶内甩施，使药液均匀分布在水层中，施药后稳定水层在 3~5 cm，保持 5~7 d。

混用：水稻插秧后、稗草 1.5 叶前施药，每亩用 24% 乙氧氟草醚 6 mL 加 10% 吡嘧磺隆 6 g 或 12% 噁草酮 60 mL 或 10% 苄嘧磺隆 10 g，用毒土法施药；防除 3 叶期前的稗，每亩用 24% 乙氧氟草醚 10 mL 加 96% 禾草敌 75~100 mL。

【注意事项】 乙氧氟草醚对鱼等水生生物有毒，鱼或虾蟹套养稻田禁用。应远离水产养殖区、河塘等水体施药，禁止在河塘等水体中清洗施药器具，施药后的田水不得直接排入水体。桑园、蚕室附近和赤眼蜂等天敌放飞区域禁用。废弃物应妥善处理，不能挪作他用，也不能随意丢弃。

【中毒急救措施】 溅入眼睛：立刻用大量清水冲洗至少 15 min，并携标签送医院诊治。误食：清醒患者可饮用 2 杯水，如误食人员已昏迷，则不要让其服用任何东西，携标签送医院诊治。接触皮肤：用肥皂和清水彻底清洗受刺激皮肤，立即脱掉所有受污染的衣物并彻底清洗，不可将衣物带回家清洗。本品无特殊解毒药，由医生对症治疗，决定是否催吐、洗胃和导泻。

【主要单剂】 20%、24% 乳油，25%、35% 悬浮剂，10% 展膜油剂，30% 微乳剂等。

【生产企业】 山东青岛丰邦农化有限公司、侨昌现代农业有限公司、辽宁省沈阳市和田化工有限公司、辽宁大连松辽化工有限公司、山东科赛基农生物科技有限公司、天津博克百胜科技有限公司、江苏绿利来股份有限公司等。

【主要混剂】 34% 氧氟·甲戊灵乳油，20% 丙噁·氧·丙草水乳剂，40% 氧氟·丙草胺微乳剂等。

第三节 茎叶处理剂

茎叶处理剂是把除草剂稀释在一定量的水或其他惰性填料中，对杂草幼苗进行喷洒处理，利用杂草茎叶吸收和传导来消灭杂草。茎叶处理主要是利用除草剂的生理生化选择性来达到灭草保苗的目的。

一、氯氟吡氧乙酸

氯氟吡氧乙酸也称氟草烟、使它隆、氟草定、治莠灵，是由道农科公司开发的吡啶羧酸类除草剂。

【毒性】

氯氟吡氧乙酸：低毒。大鼠急性经口 LD_{50} >2 405 mg/kg，兔急性经皮 L_{50}>5 000 mg/kg，大鼠急性吸入LC_{50}（4 h）>0.296 mg/L。对兔眼睛有轻度刺激性，对兔皮肤无刺激性。饲喂试验无作用剂量 ［mg/(kg·d)］：大鼠 80（2 年），小鼠 320（1.5 年）。在试验条件下，对动物未发现致畸、致突变、致癌作用。

对鱼、蜜蜂、鸟低毒。

氟草烟甲基庚酯：大鼠急性经口 LD_{50}>5 000 mg/kg，兔急性经皮 L_{50}>2 000 mg/kg，大鼠急性吸入 LC_{50}（4 h）>1 mg/L。对兔眼睛有轻度刺激性，对兔皮肤无刺激性。饲喂试验无作用剂量 ［90 d，mg/(kg·d)］：雄大鼠 80，雌大鼠300。

【环境行为】

1. 氯氟吡氧乙酸

动物：大鼠经口后，氯氟吡氧乙酸无法被代谢，但能被迅速排出体外，主要通过尿液排出体外。

植物：在植物试验中，氯氟吡氧乙酸不能被代谢，但能经生物转化为结合物。

土壤/环境：在土壤中，氯氟吡氧乙酸在有氧条件下被微生物迅速降解。在实验室中，土壤DT_{50} 5~9 d（约23 ℃）。蒸渗仪和现场研究表明，没有证据显示任何明显的浸出。

2. 氟草烟甲基庚酯

动物：水解成母体酸，被广泛地代谢并迅速通过尿液排出体外。

植物：水解成母体酸。

土壤/环境：在实验室土壤试验中，氟草烟甲基庚酯迅速转换为氟草烟，DT_{50}<7 d，在土壤、水泥浆中，DT_{50} 2~5 h（pH 值 6~7，22~24 ℃）。氟草烟甲基庚酯DT_{50}：土壤 23 d（有氧），水 14 d（有氧），水 8 d（厌氧），田间 36.3 d。

【作用机理与特点】氯氟吡氧乙酸属内吸传导型苗后茎叶处理剂，施药后很快被杂草叶面吸收，并传导到全株各部位，然后水解成发挥除草活性的母体酸，使植株畸形、扭曲，最后死亡。氯氟吡氧乙酸异辛酯较氯氟吡氧乙酸稳定性好，施药时飘移对周边阔叶类作物产生药害的风险稍小，也更容易附着于杂草表面。

【适用作物】小麦、玉米、水稻。

【防除对象】用于防除一年生阔叶类杂草，如猪殃殃、卷茎蓼、马齿苋、反枝苋、龙葵、繁缕、田旋花、大野豌豆、喜旱莲子草、播娘蒿等。

【应用技术】施药时，田间湿度大，用低剂量，用药量根据杂草种类及面积大小来定。对敏感杂草，杂草小时用低剂量；对难治杂草，杂草大时用高剂量。施药时，药液中加入喷液量1%~2%的非离子表面活性剂，在干旱条件下可获得稳定药效。施药应选早晚气温低、风小时进行。

【使用方法】水稻田在杂草2~5叶期施药，每亩用20%氟草烟75~150 mL。防除喜旱莲子草（水花生），每亩用20%氟草烟50 mL，或20%氟草烟20 mL加41%草甘膦200 mL，或20%氟草烟30 mL加41%草甘膦150 mL；防除难治杂草，每亩用20%氟草烟80~100 mL加41%草甘膦100~150 mL。

【注意事项】本品每季最多使用1次。本品为阔叶类杂草除草剂，施药时应避免药液飘移到大豆、落花生、甘薯、甘蓝等阔叶类作物上，以防产生药害。建议与作用机制不同的其他除草剂轮换使用。本品对鱼等水生生物有毒，应远离水产养殖区施药。避免药液流入河塘等水体中，禁止在河塘等水体中清洗施药器具。鱼和虾蟹套养稻田禁用，施药后的田水不得直接排入水体。温度对本品除草的结果影响较小，但影响其药效发挥的速度。一般温度低时药效发挥较慢，可使植物中毒后停止生长，但不立即死亡；气温升高后植物很快死亡。

【中毒急救措施】本品对皮肤、眼睛和上呼吸道有刺激作用。无全身中毒报道。溅入眼睛，应立即用大量清水冲洗至少15 min；接触皮肤，应立即用肥皂和清水洗净；误服，应送医院对症治疗，不能引吐。

【主要单剂】氯氟吡氧乙酸含量200 g/L、20%乳油、28%可分散油悬浮剂、氯氟吡氧乙酸异辛酯含量288 g/L等。

【生产企业】安道麦辉丰（江苏）有限公司、山东滨农科技有限公司、辽宁津田科技有限公司、宁波三江益农化学有限公司等。

【主要混剂】26%氰氟·氯氟吡乳油、29%五氟·氯氟吡可分散油悬浮剂、55%的

2 甲·氯氟吡乳油、43% 的 2 甲·氯氟吡可分散油悬浮剂、34% 氯吡·唑草酮可湿性粉剂等。

二、唑草酮

唑草酮也称福农、快灭灵、三唑酮草酯、唑草酯，是由 FMC 公司开发的三唑啉酮类除草剂。

【毒性】低毒。大鼠急性经口 LD_{50}>5 134 mg/kg，兔急性经皮 LD_{50}>4 000 mg/kg，大鼠吸入 LC_{50}（4 h）>5.09 mg/L。对兔眼睛有轻微刺激性，对兔皮肤无刺激性。大鼠饲喂试验无作用剂量 3 mg/（kg·d）（2 年）。在试验条件下，对动物未发现致突变作用。

对鱼中等毒。

【环境行为】

动物：在大鼠体内 80% 的饲喂剂量在 24 h 内被迅速吸收并通过尿液排出。

植物：在植物体内快速形成自由酸，DT_{50}（唑草酮乙酯）<7 d，DT_{50}（唑草酮）<28 d。

土壤/环境：在土壤中进行微生物分解作用，不易光解，在土壤中稳定性强，能强烈吸附到无菌土中，在非无菌土中迅速转化为自由酸，降低土壤吸附系数。在实验室中，土壤 DT_{50} 仅几小时，自由酸 DT_{50} 2.5~4 d。

【作用机理与特点】唑草酮属于原卟啉原氧化酶抑制剂，通过抑制叶绿素生物合成过程中原卟啉原氧化酶活性而引起细胞膜破坏，使叶片迅速干枯、死亡。唑草酮在喷药 15 min 内即被植物叶片吸收，不受雨淋影响，3~4 h 后杂草就出现中毒症状，2~4 d 死亡。

【适用作物】小麦、大麦、水稻、玉米等。因其在土壤中的半衰期仅为几小时，故对下茬作物亦安全。

【防除对象】主要用于防除阔叶类杂草和莎草科杂草，如猪殃殃、野芝麻、婆婆纳、苘麻、萹蓄、藜、酸模叶蓼、柳叶刺蓼、卷茎蓼、反枝苋、铁苋菜、宝盖草、苣荬菜、小果亚麻荠、地肤、龙葵、白芥等，对因使用磺酰脲类除草剂而产生抗性的杂草也具有很好的活性。

【应用技术】唑草酮的使用应选准时机，以更好地发挥药效。施药应选在早晚气温低、风小时，施药时气温不要超过 30 ℃，但也不可低于 5 ℃，空气相对湿度高于60%、风速不超过 4 m/s，否则，应停止施药。唑草酮受作用机理（无内吸活性）限制，喷雾时力求全面、均匀，使全部杂草充分着药，其对施药后长出的杂草无效，切忌将该药剂应用于阔叶类作物。

【使用方法】水稻田在阔叶类杂草 2~4 叶时亩用 10%可湿性粉剂 10~15 g 兑水茎叶喷雾，每季最多使用 1 次。使用唑草酮后，部分水稻叶片虽有锈色斑点，但不影响水稻生长发育。

【注意事项】唑草酮对蜂、鸟、鱼、蚕均为低毒。药剂配制时稀释 2 次，充分混合。本品严禁加洗衣粉等助剂。药后及时彻底清洗药械，水产养殖区、河塘等水体附近禁用，禁止在河塘等水体中清洗施药器具。

【中毒急救措施】本品无特殊解毒剂，应对症治疗。误服：饮1~2 杯水，对神志不清者切勿催吐或喂食任何东西，如不适症状持续，立即请医生诊治。误吸：将患者移至空气清新处，如呼吸困难或持续不适，立即请医生诊治。溅入眼睛：用大量清水冲洗至少 15 min，如眼睛刺痛并持续，立即请医生诊治。接触皮肤：脱掉受污染的衣服，并用肥皂和大量清水冲洗，如皮肤刺痛并持续，立即请医生诊治。诊治时请携带药剂标签。

【主要单剂】40%水分散粒剂、10%可湿性粉剂。

【生产企业】河南瀚斯作物保护有限公司、山东胜邦绿野化学有限公司、江苏瑞邦农化股份有限公司、合肥星宇化学有限责任公司等。

【主要混剂】70.5%、64%的 2 甲·唑草酮可湿性粉剂，16%五氟·唑·氰氟可分散油悬浮剂，40%唑草酮·灭草松水分散粒剂，38%苄嘧·唑草酮可湿性粉剂等。

三、2 甲 4 氯（MCPA）

近年来，2 甲 4 氯被广泛用于小麦田、玉米田、水稻田、草坪、麻类作物田防除一年生或多年生阔叶类杂草和部分莎草科杂草；中国获得登记的此类品种主要有：2 甲4氯二甲胺盐、2 甲4氯异辛酯、2 甲4氯钠、2 甲4氯硫代乙酯、2 甲4氯乙硫酯、2 甲4氯异丙胺盐、2 甲4氯丁酸乙酯。市场常见品种多以单剂和混剂形式出现，其中 2 甲4氯钠单剂以 56%可溶性粉剂和 13%水剂居多，开发的剂型涉及可湿性粉剂、水剂、乳油、干悬浮剂、可溶液剂五类。与传统钠盐相比，2 甲4 氯二甲胺盐在实际使用中表现出四个特点。

（1）适用温度更宽，安全性高，低温情况下，不易产生药害，药效稳定。温度影响着除草剂的使用效果和安全性。比如 2 甲 4 氯钠盐在低温（≤15 ℃）情况下使用容易对作物造成药害。2 甲 4 氯二甲胺盐杂质质量仅为一般钠盐品种的 1/20，在低温下，也能较好地做到对作物高度安全。一般钠盐品种在低温情况下使用药效不稳定，多推荐在 18 ℃ 以上使用，低于 18 ℃ 药效就会降低，这使得该类品种的适用时期变窄。2 甲 4 氯二甲胺盐的最低适宜温度为 10 ℃，在这一温度下，也能保证较好的使用效果。高温、强光能促进一般钠盐品种的吸收利用，但高温下药剂挥发又会危害周边的双子叶作物，2 甲 4 氯二甲胺盐不具有挥发性，就避免了高温用药对周边敏感作物的影响。

（2）活性较高，药效稳定。盐喷在作物叶片上进入植株体内转化为酸而发生毒害作用。2 甲 4 氯品种可被加工成不同的形态，除草活性大小依次为酯＞酸＞盐，在盐中，胺盐＞铵盐＞钠盐或钾盐。2 甲 4 氯在特定条件下与二甲胺反应得到胺盐，可提高产品活性，有助于药效的稳定发挥，对高龄阔叶类杂草也有较好的防除效果。

（3）杂质少，减少了刺激性气味，同时减轻了作物代谢压力。传统 2 甲 4 氯品种有游离酚的刺激性气味，高浓度 2 甲 4 氯二甲胺盐最大限度地去除了杂质，减少了刺激性气味，并减轻了作物代谢压力，减少了隐性药害产生的概率。

（4）喷雾机具更易清理。与 2，4-滴等品种相比，2 甲 4 氯二甲胺盐与喷雾机具的结合力较弱，减少了清理喷雾机具的劳动量，减轻了因为喷雾机具残留药剂造成的除草剂药害。

【毒性】低毒。大鼠急性经口 LD_{50} 962～14 700 mg/kg，大鼠急性经皮 LD_{50} ＞4 000 mg/kg，大鼠吸入 LC_{50}（4 h）＞6.36 mg/L。对兔眼睛有严重的刺激性，对兔皮肤无刺激性。饲喂试验无作用剂量 [2 年，mg/(kg·d)]：大鼠 20，小鼠 100。

对鱼、蜜蜂、鸟低毒。

【环境行为】

动物：大鼠经口摄入 2 甲 4 氯后快速吸收且通过尿液几乎全部排出，只有很少部分随粪便排出。只发生中等程度代谢，形成少量共轭物。

植物：在冬小麦中 2 甲 4 氯的甲基基团发生水解产生 2-羟基甲基-4-氯苯氧乙酸，然后进一步降解为苯甲酸，开环。

土壤/环境：土壤中降解为 4-氯-2-甲基苯酚，然后环羟基化，开环。经过最初的间隔期后，$DT_{50}<7$ d，使用剂量 3 kg/hm²，土壤中的残效期为 3~4 个月。

【作用机理与特点】 2 甲 4 氯属于苯氧乙酸类选择性内吸传导型除草剂，主要用于苗后茎叶处理，药剂穿过角质层和细胞质膜，最后传导到各部分，在不同部位对核酸和蛋白质合成产生影响。传导到植株顶端的药剂抑制核酸代谢和蛋白质合成，使生长点停止生长，幼嫩叶片不能伸展，一直到光合作用不能正常进行；传导到植株下部的药剂使植物茎部组织的核酸和蛋白质合成增加，促进细胞异常分裂，根尖膨大，丧失吸收养分的能力，导致茎秆扭曲、畸形、筛管堵塞，韧皮部被破坏，有机物运输受阻，从而破坏植物正常的生活能力，最终导致植物死亡。

【适用作物】 水稻、小麦及其他旱地作物。

【防除对象】 用于防除阔叶类及莎草科杂草，如三棱草、鸭舌草、泽泻、野慈姑等。

【应用技术】 2 甲 4 氯被广泛用于小麦、玉米、水稻、麻类作物防除一年生或多年生阔叶类杂草和部分莎草科杂草；与草甘膦混用防除抗性杂草，加快杀草速度作用明显。2 甲 4 氯与 2,4-滴相比，挥发性低、作用速度慢。禾本科植物在幼苗期对 2 甲 4 氯很敏感，3~4 叶期后抗性逐渐增强，分蘖末期最强，而幼穗分化期敏感性又上升。2 甲 4 氯在气温低于 18 ℃时效果明显变差，且对未出土的杂草效果不好。严禁将本品用于双子叶作物。水稻插秧 15 d 后，每亩用 20%水剂 200~250 mL，兑水喷雾。

【使用方法】 水稻田每亩用 53%的 2 甲 4 氯水剂 40~60 mL 或 13%的 2 甲 4 氯钠水剂 230~460 mL 兑水于插秧后 30 d 至拔节前喷雾，用药前一天排干田间积水，喷药 24 h 后灌水。

【注意事项】 每季最多使用 1 次。本品对棉花、豆类、蔬菜等作物较敏感，喷药时应避免药液飘移到上述作物田，在间作、套作有阔叶作物的禾谷类作物田勿用。施药工具使用前后要多次用水洗刷干净，清洗器具的废水不能排入河流、池塘等；废弃物要妥善处理，不能随意丢弃，也不能挪作他用。对没有使用经验的地区和作物，应先小区试验，并在植保部门指导下使用。

【中毒急救措施】 误服后会中毒，症状为呕吐、恶心、步态不稳、肌肉颤动、神经反射能力降低、瞳孔缩小、抽搐、昏迷、休克等。接触皮肤时，用清水及肥皂洗干净；溅入眼睛时，立即用清水冲洗至少 15 min。部分中毒患者有肝、肾损害，出现上述症状时，应立即送医院，请医生对症治疗，注意防治脑水肿和保护肝脏。

【主要单剂】13%的 2 甲 4 氯水剂，56%、85%的 2 甲 4 氯钠盐可溶性粉剂，56%的 2 甲 4 氯钠盐粉剂，40%的 2 甲 4 氯钠盐可湿性粉剂，53%、65%的 2 甲 4 氯二甲胺盐水剂。

【生产企业】山东滨农科技有限公司、广西化工研究院有限公司、安徽佳田森农药化工有限公司、青岛清原农冠抗性杂草防治有限公司、江苏省农垦生物化学有限公司、浙江天丰生物科学有限公司、江苏辉丰生物农业股份有限公司、利民化工股份有限公司、佳木斯黑龙农药有限公司等。

【主要混剂】26%的 2 甲·灭草松水剂，64%、70.5%的 2 甲·唑草酮可湿性粉剂，36%的 2 甲·氯氟吡可湿性粉剂，18%、38%的 2 甲·苄可湿性粉剂等。

四、灭草松

灭草松也称排草丹，是一种杂环类选择性触杀型苗后除草剂，德国巴斯夫集团于 1987 年在中国正式登记。

【毒性】低毒。大鼠急性经口 LD_{50}>1 000 mg/kg，大鼠急性经皮 LD_{50}>2 500 mg/kg，大鼠急性吸入 LC_{50}（4 h）>5.1 mg/L。对兔皮肤和兔眼睛有中度刺激性，对兔皮肤有致敏性。饲喂试验无作用剂量：大鼠 10 mg/(kg·d)（2 年），狗 13.1 mg/(kg·d)（1 年）。有试验条件下，对动物未发现致畸、致突变、致癌作用。

对鱼、蜜蜂、鸟低毒。

【环境行为】

动物：对 3 种不同物种的研究表明，灭草松在动物体内代谢得很不完全。母体化合物是其主要代谢物，只产生少量羟基化的灭草松，并未检测到共轭形式的存在。

植物：主要的代谢物是邻氨基苯甲酸的衍生物，这类衍生物会共轭形成糖类，以苷元的形式存在。

土壤/环境：在土壤中，会有羟基化合物短暂存在，随后就会被进一步降解。在光照的条件下，灭草松会被广泛分解，最终分解成 CO_2。灭草松在土壤中易分解，在刚采集的田野土壤中，DT_{50}（20 ℃）14 d；在有生物活性的土壤中，DT_{50}（实验室）17.8 d，DT_{50}（田野）12 d，DT_{90} 44 d。

【作用机理与特点】 灭草松属于光合作用抑制剂，用于苗期茎叶处理，通过叶片接触起作用。旱田使用，通过叶面渗透传导到叶绿体内抑制光合作用；水田使用，既能通过叶面渗透，又能通过根部吸收，传导到茎叶，可强烈抑制杂草光合作用和水分代谢，使其生理机能失调而致死。

【适用作物】 大豆、玉米、水稻、花生、小麦、菜豆、豌豆、洋葱、甘蔗等。灭草松在这些作物体内被代谢为活性弱的糖轭合物而解毒，对作物安全。施药后 8~16 周灭草松在土壤中可被微生物分解。

【防除对象】 用于防除莎草科和阔叶类杂草，对禾本科杂草无效。防除旱田杂草，如苍耳、反枝苋、凹头苋、刺苋、马齿苋、野西瓜苗、猪殃殃、向日葵、刺儿菜、苣荬菜、大蓟、狼把草、鬼针草、酸模叶蓼、牛膝菊、野萝卜、猪毛菜、刺黄花稔、苘麻、繁缕、曼陀罗、藜、小藜、龙葵、豚草、荠菜、芥、荔枝草、旋花属、蒿属等；水田杂草，如慈姑、三棱草、萤蔺、雨久花、泽泻、母草、牛毛毡、异型莎草、水莎草、荆三棱、扁秆荆三棱、鸭舌草、鸭跖草等。

【应用技术】 稻田防除三棱草、阔叶类杂草，一定要在杂草幼苗出齐、排水后喷雾，均匀喷在杂草叶片上，2 d 后灌水，效果显著，否则影响药效。灭草松在高温、晴天活性高、除草效果好，反之阴天和气温低时效果差。在高温或低湿地排水不良、低温高湿、长期积水、病虫危害等不良环境条件下，易造成药害。施药后 8 h 内应无降雨。在极度干旱和水涝的田块不宜使用灭草松，以防发生药害。施药应选择早晚气温低、风小时进行。

【使用方法】 水稻直播田、插秧田均可使用。施药期视杂草类群、水稻生长期、气候条件而定，直播田播后 30~40 d，插秧田插秧后 20~30 d，最好在杂草 3~5 叶期施药，每亩用 48% 灭草松 133~200 mL 或 25% 灭草松水剂 300~400 mL 喷雾。防除一年生阔叶类杂草用低量，防除莎草科杂草用高量。施药前排水，使杂草全部露出水面，选高温、无风、晴天喷药。施药后 4~6 h 药剂可渗入杂草体内，施药后 1~2 d 再灌水入田，恢复正常管理。本品防除莎草科杂草和阔叶类杂草效果显著，对稗无效。

水稻旱育秧田或湿润育秧田：防除稗和旱生型阔叶类杂草，稗 2~3 叶期，每亩用 48% 灭草松 100~150 mL 加 20% 敌稗 600~1 000 mL。

【注意事项】施药时必须穿戴防护衣或采取保护措施。施药后用清水及肥皂彻底清洗脸部及其他裸露部位。在清洗药械或处理废弃物时不要污染水及水源。孕妇及哺乳期妇女禁止接触。

【中毒急救措施】本品对眼睛、皮肤和消化道有刺激作用。接触皮肤或溅入眼睛，脱掉被污染的衣物，立即用大量清水清洗被污染的皮肤及眼睛或其他黏膜部位。不慎吞服，应立即携标签送医院就诊。请勿食用促进本品吸收的食品，如脂肪（牛奶、蓖麻油）或酒类等。不慎吸入，保持空气新鲜，若昏迷不醒，请侧卧；若停止呼吸，请使用人工呼吸措施。

【主要单剂】25%、40%、48%水剂，480 g/L、560 g/L 水剂，25%悬浮剂。

【生产企业】江苏剑牌农化股份有限公司、巴斯夫欧洲公司、重庆树荣作物科学有限公司、江苏长青生物科技有限公司、江苏省激素研究所股份有限公司、辽宁省沈阳市和田化工有限公司、山东青岛现代农化有限公司、江苏瑞邦农化股份有限公司、江苏盐城联合伟业化工有限公司、江苏建农植物保护有限公司、江苏绿利来股份有限公司等。

【主要混剂】26%的 2 甲·灭草松水剂，40%唑草酮·灭草松水分散粒剂，41%双醚·灭草松可湿性粉剂，26%五氟·灭草松可分散油悬浮剂等。

五、氰氟草酯

氰氟草酯曾用名千金，是美国陶氏益农公司开发的芳氧苯氧丙酸酯类除草剂，为脂肪酸合成酶抑制剂。20 世纪 80 年代中期发现，1995 年在亚洲上市。1998 年美国陶氏益农公司在中国首家登记了氰氟草酯原药。

【毒性】低毒。大鼠急性经口 LD_{50}>5 000 mg/kg，大鼠急性经皮 LD_{50}>2 000 mg/kg，大鼠急性吸入 LC_{50}（4 h）5.63 mg/L。对兔眼睛有轻微刺激性，对兔皮肤无刺激性和致敏性。饲喂试验无作用剂量：雄大鼠 0.8 mg/（kg·d），雌大鼠 2.5 mg/（kg·d）。

对鱼高毒。

【环境行为】

动物：大鼠、狗、反刍动物和家禽直接水解成酸。不同动物体内，酸还可以进一步转化为其他代谢物，然后酸和其他降解产物被快速排出体外。

植物：水稻对氰氟草酯抗性的产生是由于无活性二元酸（DT_{50}<10 h）和随后极

性、非极性代谢物的生成。敏感禾本科杂草的敏感性是由于氰氟草酯快速降解为具有除草活性的一元酸。

土壤/环境：室内和田间试验研究结果表明氰氟草酯在土壤和沉淀物/水中快速代谢成相应的酸；在田间条件下，土壤中半衰期 DT_{50} 2~10 h，沉淀物/水中<2 h。相应地氰氟草酯在土壤中半衰期 DT_{50}<1 d，沉淀物/水中 7 d。土壤吸附作用研究表明氰氟草酯相对稳定，平均 KOC5 5247，平均 kd 57.0（4 种土壤）。

【作用机理与特点】氰氟草酯是芳氧苯氧丙酸酯类除草剂中唯一对水稻具有高度安全性的品种。和该类其他品种一样，氰氟草酯也是内吸传导型除草剂，由植物体的叶片和叶鞘吸收，经韧皮部传导，积累于植物体的分生组织区，抑制乙酰辅酶A羧化酶，使脂肪酸合成停止，细胞的生长分裂不能正常进行，膜系统等含脂结构破坏，最后导致植物死亡。氰氟草酯从被吸收到杂草死亡，一般需要 1~3 周。杂草在施药后的症状为：4 叶期的嫩芽萎缩，最后枯干而死；3 叶期生长迅速的叶子在数天后停止生长，叶边缘多少发黄，最后死亡；2 叶期的老叶变化极小，保持绿色。

【适用作物】水稻。本品对水稻具有优良的选择性，在水稻体内，氰氟草酯可被迅速降解为对乙酰辅酶A羧化酶无活性的二元酸，因而对水稻具有高度的安全。氰氟草酯在土壤中和典型的稻田水中降解迅速，故对后茬作物安全。

【防除对象】用于防除禾本科杂草。氰氟草酯不仅对各种稗高效，还可防除千金子、马唐、双穗雀稗、狗尾草、狼尾草、牛筋草、看麦娘等。本品对莎草科杂草和阔叶类杂草无效。

【应用技术】氰氟草酯与 2，4-滴、2甲4氯、磺酰脲类以及灭草松等阔叶类杂草除草剂混用时表现出拮抗作用，会使药效降低，与氰氟草酯混用无拮抗作用的除草剂有异噁草酮、杀草丹、丙草胺、二甲戊灵、丁草胺、二氯喹啉酸、噁草酮、氟草烟。防除阔叶类杂草及莎草科杂草，最好在施用氰氟草酯 7 d 后再施用其他阔叶类杂草除草剂。水层管理：施药时，田间无水层可达到最佳效果，杂草植株50%高于水面也可达到较理想效果。施药后 24~48 h 灌水，防止新杂草萌发。

【使用方法】苗后茎叶处理，插秧田亩用25%氰氟草酯 200~250 mL，兑水于杂草 2~3 叶期喷雾；直播田或本田亩用25%氰氟草酯 250~300 mL，兑水于杂草 2~3 叶期喷雾。

【注意事项】氰氟草酯在土壤和水中降解迅速，应进行茎叶处理，不宜采用毒土法或药肥法撒施。每季最多使用 1 次。不建议与阔叶类杂草除草剂混用。贮存后，可能会出现分层现象，使用前用力摇匀后兑水喷施，不影响药效。

【中毒急救措施】本品对皮肤和眼睛有刺激作用。不慎吸入，应将患者移至空气流通处。不慎接触皮肤或溅入眼睛，应脱掉受污染的衣服，用清水冲洗不少于 15 min。如佩戴隐形眼镜，冲洗 5 min 后摘掉眼镜再冲洗 15 min，并立即请医生诊治。误食或误服不要自行引吐，须携带标签送医院诊治。本品无特殊解毒药，请医生根据症状治疗。

【主要单剂】15%、20%、25%、30%水乳剂，25%微乳剂，15%、20%、30%可分散油悬浮剂，10%、20%、30%乳油等。

【生产企业】安徽春辉植物农药厂、山东玥鸣生物科技有限公司、青岛清原农冠抗性杂草防治有限公司、安徽沙隆达生物科技有限公司、辽宁省沈阳市和田化工有限公司、侨昌现代农业有限公司、吉林金秋农药有限公司、江苏省农用激素工程技术研究中心有限公司、科迪华农业科技有限责任公司、安徽尚禾沃达生物科技有限公司、浙江天一生物科技有限公司、江苏省农垦生物化学有限公司等。

【主要混剂】26%氰氟·氯氟吡乳油，16%、17%五氟·氰氟草可分散油悬浮剂，20%氰氟·双草醚可分散油悬浮剂等。

六、双草醚

双草醚也称农美利，是由组合化学工业株式会社开发的嘧啶水杨酸类除草剂。

【毒性】低毒。急性经口 LD_{50}：雄大鼠>4 111 mg/kg，雌大鼠>2 635 mg/kg。大鼠急性经皮 LD_{50}>2 000 mg/kg，大鼠吸入 LC_{50}（4 h）4.48 mg/L。对兔皮肤无刺激性，对兔眼睛有轻微刺激性。饲喂试验无作用剂量［2 年，mg/(kg·d)］：雄大鼠 1.1，雌大鼠 1.4，雄小鼠 14.1，雌小鼠 1.7。在试验条件下，对动物未发现致突变、致癌作用。

对鱼、蜜蜂、鸟低毒。

【环境行为】

动物：大鼠服用 7 d 后，大于 95%剂量通过尿液和粪便排出体外。

植物：在水稻 5 叶期施药，并用 ^{14}C 标记，收获时约 10%分布于秸秆与根部。

土壤/环境：土壤中 DT_{50}<10 d（淹没和旱地条件下）。

【作用机理与特点】双草醚属于乙酰乳酸合成酶（ALS）抑制剂，通过阻止支链氨基酸的生物合成起作用。本品通过茎、叶和根吸收，并在植株体内传导，致使杂草停止生长，而后枯死。

【适用作物】水稻。在推荐剂量下，本品对水稻具有优异的选择性。本品在大多数土壤和气候条件下效果稳定，可与其他农药混用或连续使用。

【防除对象】用于防除一年生和多年生杂草，特别是对稗等杂草有优异的活性，如异型莎草、碎米莎草、萤蔺、假马齿苋、鸭跖草、马唐等。

【应用技术】水稻直播田除草，施药前排干田水，保持土壤湿润，均匀喷雾，药后 2 d 灌水，水层以不淹没秧苗心叶为宜，保持水层 7 d 左右后恢复正常的田间管理。尽量在无风无雨时施药，避免雾滴飘移，危害周围作物。

【使用方法】主要用于直播水稻苗后除草，对 1~7 叶期的稗均有效，3~6 叶期防效尤佳，亩用 10%悬浮剂 15~20 mL 兑水喷雾。水稻 3~4 叶期、杂草 1.5~3 叶期施药，均匀茎叶喷雾。每季最多使用 1 次。

【注意事项】施药后如遇暴雨，应及时开好平田缺，以防田间积水。对于粳稻，本品处理后有叶片发黄现象，但 4~5 d 可恢复，不影响水稻产量。包装容器不可挪作他用或随意丢弃。施药后药械应彻底清洗，剩余的药液和洗刷用具的水，不要倒入田间或河流、池塘等水体。鱼或虾蟹套养稻田禁用。施药后的田水不得直接排入水体，禁止在河塘等水体清洗施药器具。

【中毒急救措施】本品对眼睛、黏膜有刺激作用。接触皮肤：立即脱掉被污染的衣物，用大量清水彻底冲洗受污染皮肤，如皮肤刺激感持续，请医生诊治。溅入眼睛：立即将眼睑翻开，用清水冲洗至少 15 min，再请医生诊治。

【主要单剂】10%可分散油悬浮剂，10%、15%、20%、40%悬浮剂，20%、80%可湿性粉剂等。

【生产企业】广东省佛山市盈辉作物科学有限公司、陕西上格之路生物科学有限公司、侨昌现代农业有限公司、山东科赛基农生物科技有限公司、浙江天一生物科技有限公司、山东先达农化股份有限公司、辽宁省沈阳市和田化工有限公司、日本组合化学工业株式会社、江苏瑞东农药有限公司等。

【主要混剂】0.06%五氟·双草醚颗粒剂，20%氰氟·双草醚可分散油悬浮剂，30%苄嘧·双草醚可湿性粉剂，23%灭草松·双草醚水剂等。

七、五氟磺草胺

五氟磺草胺也称稻杰，是美国陶氏益农公司开发的水稻田除草剂，属于三唑并嘧啶磺酰胺类（ALS）抑制剂。五氟磺草胺于 2004 年在美国正式注册登记，2007 年 10 月在中国登记上市。

【毒性】低毒。大鼠急性经口、经皮 LD_{50} >5 000 mg/kg，大鼠急性吸入 LC_{50} （4 h）>3.5 mg/L。对兔眼睛有中度刺激性，对兔皮肤有轻微刺激性，对豚鼠皮肤无致敏性。饲喂试验无作用剂量 ［90 d，mg/(kg·d)］：雄大鼠 17.8，雌大鼠 19.9。在试验条件下，对动物未发现致突变性。

对鱼、蜜蜂、鸟低毒，对蚕中毒。

【环境行为】

动物：迅速排出体外，在体内几乎无积累。

植物：温室植物苗后喷施，DT_{50}：籼稻 0.6 d，粳稻 1.4 d，稗 4.4 d。五氟磺草胺首先代谢为 5-羟基衍生物，在收获的水稻中未发现其残留物（检测限0.002 mg/kg）。

土壤/环境：在水中的降解主要是光解和生物降解，水中光解 DT_{50} 2 d，土壤光解 DT_{50} 19 d。全球水直播稻田条件下 DT_{50}（平均）14.6 d（13~16 d），欧盟水直播稻田野外条件下 DT_{50}（平均）5.9 d（5.6~6.1 d），在土壤中主要通过微生物降解。五氟磺草胺在水中或陆地环境中移动性很强，但不能长久存在，共能产生 11 种主要降解产物，其中一些比五氟磺草胺的存在更持久。

【作用机理与特点】五氟磺草胺为传导型除草剂，经茎叶、幼芽及根系吸收，通过木质部和韧皮部传导至分生组织，抑制植株生长，使生长点失绿，处理后 7~14 d 顶芽变红、坏死，2~4 周植株死亡。本品为强乙酰乳酸合成酶抑制剂，药效较慢，需一定时间杂草才逐渐死亡。

【适用作物】水稻。五氟磺草胺对水稻十分安全，2005 年与 2006 年在美国对 10 个水稻品种于2~3 叶期以 70 g（有效成分）/hm² 剂量喷施，结果是稻株高度、抽穗期及产量均无明显差异，表明所有品种均有较强抗耐性。超高剂量喷施，早期对水稻根部的生长有一定的抑制作用，但迅速恢复，不影响产量。

【防除对象】可有效防除稗、千金子以及一年生莎草科杂草，并对众多阔叶类杂草有效，如田菁、鸭舌草等，持效期长达 30~60 d；对许多阔叶类、莎草科杂草与稗等具有残留活性，但对千金子无效。

【使用方法】水稻田防除稗，2~3 叶期亩用 40~80 mL（茎叶喷雾），2~3 叶期亩用 60~100 mL（毒土法）。茎叶喷雾时，田间应无水层，使杂草茎叶2/3 以上露出水面；施药后 24~72 h 灌水，保持 3~5 cm 水层 5~7 d。施药量按稗密度和叶龄确定，密度大、叶龄大，使用上限用药量。

【注意事项】每季最多使用 1 次。毒土法应根据当地示范试验结果使用。制种田因品种较多，须根据当地示范结果使用。本品对水生生物有毒，应远离水产养殖区施药，禁止在河塘等水体中清洗施药器具。

【中毒急救措施】动物实验表明，本品对眼睛和皮肤可能有刺激作用。溅入眼睛：立刻用大量清水冲洗至少 15 min。如佩戴隐形眼镜，冲洗 1 min 后摘掉眼镜再冲洗几分钟。如症状持续，携药剂标签去医院诊治。误食：不要自行引吐，携药剂标签送医院诊治。接触皮肤：脱掉被污染衣服，立即用大量清水冲洗皮肤。衣服彻底清洗后方可再穿。

【主要单剂】5%、10%、15%、20%可分散油悬浮剂，25 g/L 可分散油悬浮剂，0.12%、0.025%、0.3%颗粒剂，10%、22%悬浮剂。

【生产企业】安徽省益农化工有限公司、安徽嘉联生物科技有限公司、山东青岛现代农化有限公司、江苏富田农化有限公司、江苏省扬州市苏灵农药化工有限公司、青岛清原农冠抗性杂草防治有限公司、陶氏益农农业科技（江苏）有限公司、美国陶氏益农公司等。

【主要混剂】10%、17%五氟·氰氟草可分散油悬浮剂，20%嘧肟·氰氟草水乳剂，30%噁唑草·氯吡酯·氰氟可分散油悬浮剂，14%五氟·双·氰氟可分散油悬浮剂，20%氰氟·双草醚可分散油悬浮剂等。

第三章 稻田杂草防除技术方案

水稻保墒旱直播是指在 3 月底 4 月初将水稻种子播入土中，依靠土壤墒情出苗，3 叶期前进行旱管，3 叶期后灌头水，并逐步建立水层的一种水稻直播栽培方式，也称水稻幼苗旱长或水稻旱种。

一、苗前杂草防除

在水稻苗未出土前，但田间各类杂草发生量较大时，可用 30%草铵膦乳油 300~400 mL/666.7 m² 或 30%草甘膦水剂 300~400 mL/666.7 m² 兑水 10~15 L 喷雾普杀苗前杂草。

二、苗后阔叶杂草防除

水稻出苗后部分田间阔叶杂草发生量大，用 38% 二甲·溴苯腈 80~100 mL/666.7 m² 兑水 15 L 喷雾，田间作业应选择晴天、光照强、气温高时进行，有利于药效发挥，加速杂草死亡，避免漏喷和重喷。

三、苗期茎叶除草

以稗为主的稻田，5 月底至 6 月初用 2.5%五氟磺草胺 100~125 mL/666.7 m² 加 30%苄嘧磺隆 10 g/666.7 m²，或用 25%氰氟草酯 300~350 mL/666.7 m²，兑水 10~15 L 喷雾。

三棱草发生量大的稻田用 38%苄嘧磺隆·唑草酮 10~15 g/666.7 m² 或 70.5%的 2 甲·唑草酮 50~60 g/666.7 m²，兑水喷雾。

泽泻发生量大的稻田用 46%二甲·灭草松 130~170 mL/666.7 m²，兑水喷雾。

茎叶处理时田面要求无水层，使杂草充分露出，药后 2 d 须及时建立水层并保持 7 d 以上。

四、后期杂草防控

茎叶除草上水后用 30%扫弗特 80~100 mL/666.7 m² 或 33%二甲戊灵 150~200 g/666.7 m² 采用毒土法进行药剂封闭。

第二节　水稻旱直播杂草防除技术规程

水稻旱直播是指旱整地、旱播种、播种后建立水层的一种水稻栽培方式，也称水稻播后上水栽培。

一、苗前土壤药剂封闭

前茬为旱作物时药剂用量选取推荐剂量低限，连作稻田取中值，上年杂草危害严重时取高值，同时注意药剂的交替使用。

在水稻播种灌水后 5~7 d，用 48%仲丁灵 80~100 mL/666.7 m² 或 90%杀草丹 100~150 mL/666.7 m² 进行土壤药剂封闭。

也可在水稻 1 叶以后用扫弗特（30% 丙草胺乳油，含安全剂）80~100 mL/666.7 m² 进行封闭灭草。

药剂封闭时田间需有浅水层，封闭后田间自然落干 1 次。

二、苗期茎叶除草

以稗为主的稻田，5 月底至 6 月初用 2.5%五氟磺草胺 100~125 mL/666.7 m² 或 25%氰氟草酯 300~350 mL/666.7 m²，兑水喷雾。

以阔叶类杂草和莎草科杂草为主的稻田，用苄嘧磺隆·唑草酮 10~15 g/666.7 m² 或 46% 二甲·灭草松 130~170 mL/666.7 m²，兑水喷雾。

茎叶处理时田间要求无水层，药后 2 d 须及时建立水层。

三、后期杂草防控

针对高田、易缺水的田、常年稻田中往年后期杂草危害严重的状况，在茎叶处理后及时用 30%扫莦特 80~100 mL/666.7 m² 或 33%二甲戊灵 150~200 mL/666.7 m² 进行药剂封闭。

第三节　水稻旱直播无人机土壤药剂封闭技术规程

一、范围

本标准规定了水稻旱直播无人机土壤药剂封闭技术的有关术语和定义、封闭药剂选择、使用范围等规程及要求。

二、规范性引用文件

下列文件中的条款通过本标准的引用而成为本标准的条款。凡是注明日期的引用文件，其随后所有的修改单（不包括勘误的内容）或修订版均不适用于本标准，然而，鼓励根据本标准达成协议的各方研究使用这些文件的最新版本。凡是不注日期的引用文件，其最新版本适用于本标准。

GB/T 8321　农药合理使用准则

三、作业任务

收到封闭作业请求任务后，业务部门要对作业地点、种植品种、播种时间、播种方式、面积等信息进行登记，了解前茬作物情况、上年杂草危害状况、周边作物种类等信息，并到现场进行实地调查，根据实际制订作业用药剂品种和剂量等技术方案，交植保无人机操控人员执行。

操控人员接到技术方案后，应当及时按照技术方案配备药剂，根据作业面积配备电池等作业物品。

四、药剂选择及用量

前茬为旱作物时药剂用量选取推荐剂量低限，连作稻田取中值，上年杂草危害严重时取高值，同时注意药剂的交替使用。

常用的封闭药剂有 48%仲丁灵、90%杀草丹、扫弗特（30%丙草胺乳油，含安全剂）等。

48%仲丁灵：用量在 80~120 mL/666.7 m^2，灌水后 3~7 d 封闭。

90%杀草丹：用量在 100~150 mL/666.7 m^2，稻田上水后即封，但水稻发芽期禁用。

扫弗特（30%丙草胺乳油，含安全剂）：用量在 70~100 mL/666.7 m^2，水稻 1 叶后进行药剂封闭。

五、作业前准备

（一）操控人员要求

操控人员必须获得相关机构的培训证书。

操控人员在酒后、身体不适时不能操作，对农药有过敏情况者不能操作。

当植保无人机出现紧急状况时，应确保植保无人机以最快方式飞离人群，并尽快降落或迫降。

（二）设置作业基地

到达作业地点后，应根据地形首先设置作业基地，用于作业车辆的停放、植保无人机的起飞和降落等。

作业基地应远离防护林、高压线塔和电杆等障碍物。

植保无人机放置时应与车辆、供电设备、农药调配地等保持安全距离。

确定配药点和送药点、电池充电点或加油区和人员休息点（要选择阴凉位置）、配药方式和标准、植保无人机起降点、备用电池等。

（三）确定作业方案

作业前应观察田间水层。

操控人员应根据技术方案，综合作业区域实际，调整喷嘴流量、植保无人机的作业高度与速度、喷幅宽度、雾滴大小、植保无人机飞行方向等工作参数。如采用全自动飞行作业，应提前规划好航线、航点、飞行速度、自动起降点。

配药时应根据药液罐的大小及药液单位面积用量进行混配，对所用药剂的数量进行核实并登记，每次配药结束后，要对所用药剂进行复核。

六、气象情况

作业前应查询作业区域的气象信息，包括温度、风向、风速等。

风力大于3级时暂时中止作业。

七、现场作业

作业前再次检查作业区域及周边情况，确保没有影响飞行安全的因素。

根据作业技术要求，设定飞行高度、飞行速度、雾滴大小、喷嘴流量等参数。

作业时操控人员要注意观察植保无人机的飞行状态，发现问题及时处理。

植保无人机降落或起飞时操控人员要观察周围情况，发现有危及安全的情况应先处理后操作。

做好植保无人机转场、更换电池、加药等工作。

作业完成后，应将作业记录汇总、归档并保存。

八、作业后的维护

作业完成后，做好植保无人机及其相关附件的整理与归类工作。电池的充电与使用按照相关标准执行。

药箱内的残留药剂不应随便倾倒，集中收集后按规定处理。

进行植保无人机性能检查，检查完毕后，应将植保无人机及辅助设备安全运回存放地存放。

植保无人机作业情况记录表

表 1 无人机作业任务单

作业联系人姓名	联系电话	作业地点	面积
		县（市） 乡 村	亩
施用农药	剂量	药剂规格	预定作业时间
			月 日
备注			

签发： 时间： 月 日 时 分

表 2 植保无人机作业情况记录表

作业地点		作业时间	年 月 日
操控人员及辅助人员姓名		作业起止时间	起： 时 分 止： 时 分
农药名称		助剂的使用	
作业区域 GPS			
邻近作物情况			
环境温度		风速		风向	
作业速度		作业高度		作业面积	亩
配药信息					
次数	助剂用量	助剂用量	水	配药人	数量复核人
第 次					
第 次					
本次作业测试用水敏纸编号					
植保无人机工作状况					

记录人： 时间： 月 日 时 分

第四节　稻田病虫草害绿色防控技术规程

一、范围

本标准规定了稻田杂草绿色防控的术语和定义，稻田杂草农艺防控、物理防控、生物防控和化学防控的技术措施等。

本标准适用于宁夏稻区绿色稻米生产中田间杂草的综合防控。

二、规范性引用文件

下列文件对于本文件的应用是必不可少的。凡是注日期的引用文件，仅所注日期的版本适用于本文件。凡是不注日期的引用文件，其最新版本（包括所有的修改单）适用于本文件。

NY/T 393　绿色食品　农药使用准则

NY/T 419　绿色食品　稻米

三、术语和定义

（一）稻田杂草

稻田杂草是指生长在水稻秧田、本田以及稻田周围沟、渠、路、埂等环境内，与水稻混生，竞争土壤中的水分、养分和光热资源，影响水稻正常生产的各种杂草。

（二）绿色防控

绿色防控指利用生产绿色稻米允许使用的化学除草药剂和方法对稻田杂草进行综合防除。

（三）土壤封闭处理

土壤封闭处理指在杂草出苗前，采用喷雾或撒施等方法将土壤处理除草剂均匀施于土壤表层，抑制或杀死正在萌发的杂草。

（四）茎叶处理

茎叶处理指在杂草出苗后，利用茎叶处理除草剂对稻田杂草幼苗进行喷雾处理，以消灭杂草。

四、杂草防除

（一）农艺措施

1. 轮作倒茬

对上年杂草危害严重的水稻田，第二年实施轮作倒茬以减轻杂草危害。

2. 种子去杂

种子应符合 GB 4404.1《粮食作物种子　第 1 部分：禾谷类》的规定，并精选水稻种子，去除混杂在稻谷中的杂草种子。

3. 拦截和打捞杂草种子

稻田初次灌水前在田块的进出口设置过滤网，拦截随灌溉水传入的草籽；水稻插秧田和旱直播田在初次灌水后待杂草种子被风集中到田边或田块角落时，使用网兜将杂草种子捞出。

4. 提高整地质量

田面应平整，确保排水后田面不留积水，灌水时土壤湿润均匀，以提高土壤封闭药剂的效果，有效减少药害的发生。

5. 覆盖治草

在稻田周边和田埂上种植大豆、玉米等作物来阻挡田边杂草的萌发和生长，减少杂草种子数量。

6. 以苗控草，以水压草

合理进行水肥管理，促进水稻壮苗早发，增强抗逆性，营造"苗欺草、水压草"的良好农田生态，特别是在茎叶处理后要保持水层 5~7 d，加快杂草死亡速度，提高除草效果。

7. 生物治草

水稻分蘖期在稻田放养鸭子、鹅、鱼等动物，控制稻田后期杂草。

8. 拔除杂草

秋季杂草抽穗后成熟前，及时拔除田埂和田边杂草，减少田间杂草种子基数。

（二）化学除草

1. 水稻插秧药剂除草

水稻插秧田杂草防除的原则为"一封二杀三补"，即插秧前或插秧后土壤药剂封闭、稗 5 叶前及时进行茎叶处理，对未达到防除效果的及时采取补救措施。

具体药剂选择及用量见表 1。

表 1　水稻插秧栽培杂草防治方法

防除对象	使用时期	药剂名称	每亩使用量	使用方法	注意事项
各类杂草	插秧前或插秧后 5~7 d	33%丙草胺	80~100 mL	毒土法	水层不宜长时间淹没秧苗心叶
		2.5%五氟磺草胺+10%苄嘧磺隆	80 mL+20 g		
稗类杂草	稗 4~5 叶时	10%氰氟草酯	300~400 mL	喷雾法	施药后 48 h 复水，保持浅水层 5~7 d
		2.5%五氟磺草胺	100 mL	喷雾法	
莎草科、泽泻、野慈姑等阔叶类杂草	6 月上中旬	二甲·灭草松	200 mL	喷雾法	
		唑草酮	10~15 g		

注：各种药剂在水稻一个生育期内只允许使用一次。

2. 水稻保墒旱直播药剂除草

水稻保墒旱直播田间杂草的防除原则为"一杀阔叶草二杀稗草三封后期杂草"，即苗前杀阔叶草，上水后及时除稗，采用土壤药剂封闭控制后期田间杂草。

具体药剂选择及用量见表 2。

表 2　水稻保墒旱直播栽培杂草防治方法

防除对象	使用时期	药剂名称	每亩使用量	使用方法	注意事项
各类杂草	播后芽前	30%草铵膦	300~400 mL	喷雾法（兑水 10~20 kg）	在水稻幼芽露出地表前使用
稗类杂草	5 叶前	25%氰氟草酯	300~400 mL	喷雾法	施药后 48 h 复水，保持浅水层 5~7 d
		2.5%五氟磺草胺	80~100 mL		
莎草科、泽泻、野慈姑等阔叶类杂草	6 月上中旬	46%二甲·灭草松	130~160 mL		
		10%苄嘧·唑草酮	10~15 g		
后期各类杂草	茎叶除稗复水后	30%丙草胺	80~100 mL	毒土法	施药后水层不宜长时间淹没秧苗心叶
		33%二甲戊灵	100~120 g		

3. 水稻旱直播药剂除草

水稻旱直播时，常年连作稻田杂草的防除原则为"二封一杀"，即上水后土壤封闭，茎叶除稗后再土壤封闭；轮作稻田杂草的防除原则为"先杀后封"，即先茎叶除稗，再土壤封闭。

具体药剂选择及用量见附表 3。

表 3　水稻旱直播栽培杂草防治方法

防除对象	使用时期	药剂名称	每亩使用量	使用方法	注意事项
各类杂草	播种上水后7 d 内	2.5%五氟磺草胺	80~100 mL	喷雾法或毒土法	施药后田间水层干干湿湿
		10%苄嘧磺隆	20~30 g		
稗类杂草	稗 4~5 叶前	25%氰氟草酯	300~400 mL	喷雾法	施药后 48 h 复水，保持浅水层 5~7 d
		2.5%五氟磺草胺	80~100 mL		
莎草科、泽泻、野慈姑等阔叶类杂草	6 月上中旬	46%二甲·灭草松	150~200 mL		
		10%苄嘧·唑草酮	10~15 g		
后期各类杂草	茎叶除稗复水后	30%丙草胺	80~100 mL	毒土法	施药后水层不宜长时间淹没秧苗心叶
		33%二甲戊灵	100~120 g		

五、稻瘟病防治

稻瘟病以预防为主，采用生物制剂和化学药剂相结合的方法，生育期内一般预防 2~3 次。

（一）预防

6 月中旬或下旬选用 2%春雷霉素水剂 80~100 mL/666.7 m² 或 1 000 亿芽孢/克枯草芽孢杆菌可湿性粉剂 25~30 g/666.7 m²，兑水喷雾。

（二）叶瘟防治

7 月上中旬田间发病初期，选用 40%稻瘟灵乳油 70~110 mL/666.7 m²，或 23%醚菌·氟环唑悬浮剂 40~60 mL/666.7 m²，兑水喷雾，当急性型病斑出现时，应立即喷药防治，发病中心间隔 7~10 d，连续用药 2~3 次。

（三）穗颈瘟防治

7 月下旬至 8 月上旬，孕穗末至破口初期（即破口 5%左右），选用 36%稻瘟灵·戊唑醇水乳剂 65~75 mL/666.7 m²，或 27%三环·己唑醇悬浮剂 80~90 mL/666.7 m²，兑水喷雾，对发病中心至少防治 2 次，并且做到药剂轮换使用。

六、稻田虫害的防治

（一）地下或水中害虫的防治

地下或水中害虫危害稻田时，用 40%辛硫磷乳油 100~125 mL/666.7 m²，或 30%噻虫嗪悬浮剂 3~4 mL/666.7 m² 等，兑水喷雾或采用毒土法撒施。

（二）稻飞虱的防治

稻飞虱危害稻田时，用 30%噻虫嗪悬浮剂 3~4 mL/666.7 m²，或 50%吡蚜酮水分散粒剂9~15 g/666.7 m²，兑水喷雾。

（三）稻水象甲的防治

稻水象甲危害稻田时，用 20%氯虫苯甲酰胺悬浮剂 7~14 g/666.7 m²，或 40%氯虫·噻虫嗪水分散粒剂 6~8 g/666.7 m²，兑水喷雾。

参考文献

[1] 李扬汉.中国杂草志 [M].北京：中国农业出版社，1998.

[2] 强胜.杂草学（第二版）[M].北京：中国农业出版社，2009.

[3] 刘长令，杨吉春.现代农药手册 [M].北京：化学工业出版社，2018.

[4] 徐正浩，戚航英，陆永良，等.杂草识别与防治 [M].杭州：浙江大学出版社，2014.

[5] 李小伟，林秦文，黄维.宁夏植物图鉴（第一卷）[M].北京：科学出版社，2021.

[6] 李小伟，吕小旭，黄文广.宁夏植物图鉴（第二卷）[M].北京：科学出版社，2020.

[7] 李小伟，吕小旭，朱强.宁夏植物图鉴（第三卷）[M].北京：科学出版社，2020.

[8] 李小伟，黄文广，窦建德.宁夏植物图鉴（第四卷）[M].北京：科学出版社，2021.

[9] 鲁传涛，吴仁海，王恒亮，等.农田杂草识别与防治原色图鉴 [M].北京：中国农业科学技术出版社，2014.

[10] 梁文裕，朱强.宁夏湿地植物资源 [M].北京：中国林业出版社，2020.

[11] 浑之英，袁立兵，陈书龙.农田杂草识别原色图谱 [M].北京：中国农业出版社，2012.

[12] 朱强，曾继娟，白永强.2种苍耳属入侵植物在宁夏的分布 [J].杂草学报，2021，39（3）：28-34.

附录

附录1：绿色食品　农药使用准则

（NY/T 393—2020）

1　范围

本标准规定了绿色食品生产和储运中的有害生物防治原则、农药选用、农药使用规范和绿色食品农药残留要求。

本标准适用于绿色食品的生产和储运。

2　规范性引用文件

下列文件对于本文件的应用是必不可少的。凡是注日期的引用文件，仅注日期的版本适用于本文件。凡是不注日期的引用文件，其最新版本（包括所有的修改单）适用于本文件。

GB 2763　食品安全国家标准　食品中农药最大残留限量

GB/T 8321　（所有部分）农药合理使用准则

GB 12475　农药贮运、销售和使用的防毒规程

NY/T 391　绿色食品　产地环境质量

NY/T 1667　（所有部分）农药登记管理术语

3　术语和定义

NY/T 1667 界定的及下列术语和定义适用于本文件。

3.1　AA 级绿色食品 AA grade green food

产地环境质量符合 NY/T 391 的要求，遵照绿色食品生产标准生产，生产过程中遵循自然规律和生态学原理，协调种植业和养殖业的平衡，不使用化学合成的肥料、农药、兽药、渔药、添加剂等物质，产品质量符合绿色食品产品标准，经专门机构许可使用绿色食品标志的产品。

3.2 A 级绿色食品 A grade green food

产地环境质量符合 NY/T 391 的要求，遵照绿色食品生产标准生产，生产过程中遵循自然规律和生态学原理，协调种植业和养殖业的平衡，限量使用限定的化学合成生产资料，产品质量符合绿色食品产品标准，经专门机构许可使用绿色食品标志的产品。

3.3 农药 pesticide

用于预防、控制危害农业、林业的病、虫、草、鼠和其他有害生物以及有目的地调节植物、昆虫生长的化学合成或者来源于生物、其他天然物质的一种物质或者几种物质的混合物及其制剂。

注：既包括属于国家农药使用登记管理范围的物质，也包括不属于登记管理范围的物质。

4 有害生物防治原则

绿色食品生产中有害生物的防治可遵循以下原则：

——以保持和优化农业生态系统为基础：建立有利于各类天敌繁衍和不利于病虫草害孳生的环境条件，提高生物多样性，维持农业生态系统的平衡；

——优先采用农业措施：如选用抗病虫品种、实施种子种苗检疫、培育壮苗、加强栽培管理、中耕除草、耕翻晒垡、清洁田园、轮作倒茬、间作套种等；

——尽量利用物理和生物措施：如温汤浸种控制种传病虫害，机械捕捉害虫，机械或人工除草，用灯光、色板、性诱剂和食物诱杀害虫，释放害虫天敌和稻田养鸭控制害虫等；

——必要时合理使用低风险农药：如没有足够有效的农业、物理和生物措施，在确保人员、产品和环境安全的前提下，按照第 5、6 章的规定配合使用农药。

5 农药选用

5.1 所选用的农药应符合相关的法律法规，并获得国家在相应作物上的使用登记或省级农业主管部门的临时用药措施，但不属于农药使用登记范围的产品（如薄荷油、食醋、蜂蜡、香根草、乙醇、海盐等）除外。

5.2 AA 级绿色食品生产应按照 A.1 的规定选用农药，A 级绿色食品生产应按照附录 A 的规定选用农药，提倡兼治和不同作用机理农药交替使用。

5.3 农药剂型宜选用悬浮剂、微囊悬浮剂、水剂、水乳剂、颗粒剂、水分散粒剂和可溶性粒剂等环境友好型剂型。

6 农药使用规范

6.1 应根据有害生物的发生特点、危害程度和农药特性，在主要防治对象的防治适期，选择适当的施药方式。

6.2 应按照农药产品标签或 GB/T 8321 和 GB 12475 的规定使用农药，控制施药剂量（或浓度）、施药次数和安全间隔期。

7 绿色食品农药残留要求

7.1 按照第 5 章规定允许使用的农药，其残留量应符合 GB 2763 的要求。

7.2 其他农药的残留量不得超过 0.01 mg/kg，并应符合 GB 2763 的要求。

附录 A

（规范性附录）

绿色食品生产允许使用的农药清单

A.1 AA 级和 A 级绿色食品生产均允许使用的农药清单

AA 级和 A 级绿色食品生产可按照农药产品标签或 GB/T 8321 的规定（不属于农药使用登记范围的产品除外）使用表 A.1 中的农药。

表 A.1 AA 级和 A 级绿色食品生产均允许使用的农药清单 a

类别	物质名称	备注
I. 植物和动物来源	楝素（苦楝、印楝等提取物，如印楝素等）	杀虫
	天然除虫菊素（除虫菊科植物提取液）	杀虫
	苦参碱及氧化苦参碱（苦参等提取物）	杀虫
	蛇床子素（蛇床子提取物）	杀虫、杀菌
	小檗碱（黄连、黄柏等提取物）	杀菌
	大黄素甲醚（大黄、虎杖等提取物）	杀菌

续表

类别	物质名称	备注
I. 植物和动物来源	乙蒜素（大蒜提取物）	杀菌
	苦皮藤素（苦皮藤提取物）	杀虫
	藜芦碱（百合科藜芦属和喷嚏草属植物提取物）	杀虫
	桉油精（桉树叶提取物）	杀虫
	植物油（如薄荷油、松树油、香菜油、八角茴香油等）	杀虫、杀螨、杀真菌、抑制发芽
	寡聚糖（甲壳素）	杀菌、植物生长调节
	天然诱集和杀线虫剂（如万寿菊、孔雀草、芥子油等）	杀线虫
	具有诱杀作用的植物（如香根草等）	杀虫
	植物醋（如食醋、木醋、竹醋等）	杀菌
	菇类蛋白多糖（菇类提取物）	杀菌
	水解蛋白质	引诱
	蜂蜡	保护嫁接和修剪伤口
	明胶	杀虫
	具有驱避作用的植物提取物（大蒜、薄荷、辣椒、花椒、薰衣草、柴胡、艾草、辣根等的提取物）	驱避
	害虫天敌（如寄生蜂、瓢虫、草蛉、捕食螨等）	控制虫害
II. 微生物来源	真菌及真菌提取物（白僵菌、轮枝菌、木霉菌、耳霉菌、淡紫拟青霉、金龟子绿僵菌、寡雄腐霉菌等）	杀虫、杀菌、杀线虫
	细菌及细菌提取物（芽孢杆菌类、荧光假单胞杆菌、短稳杆菌等）	杀虫、杀菌
	病毒及病毒提取物（核型多角体病毒、质型多角体病毒、颗粒体病毒等）	杀虫
	多杀霉素、乙基多杀菌素	杀虫
	春雷霉素、多抗霉素、井冈霉素、嘧啶核苷类抗菌素、宁南霉素、申嗪霉素、中生菌素	杀菌
	S-诱抗素	植物生长调节
III. 生物化学产物	氨基寡糖素、低聚糖素、香菇多糖	杀菌、植物诱抗
	几丁聚糖	杀菌、植物诱抗、植物生长调节
	苄氨基嘌呤、超敏蛋白、赤霉酸、烯腺嘌呤、羟烯腺嘌呤、三十烷醇、乙烯利、吲哚丁酸、吲哚乙酸、芸苔素内酯	植物生长调节

续表

类别	物质名称	备注
Ⅳ. 矿物来源	石硫合剂	杀菌、杀虫、杀螨
	铜盐（如波尔多液、氢氧化铜等）	杀菌，每年铜使用量不能超过 6 kg/hm²
	氢氧化钙（石灰水）	杀菌、杀虫
	硫磺	杀菌、杀螨、驱避
	高锰酸钾	杀菌，仅用于果树和种子处理
	碳酸氢钾	杀菌
	矿物油	杀虫、杀螨、杀菌
	氯化钙	用于治疗缺钙带来的抗性减弱
	硅藻土	杀虫
	粘土（如斑脱土、珍珠岩、蛭石、沸石等）	杀虫
	硅酸盐（硅酸钠，石英）	驱避
	硫酸铁（3 价铁离子）	杀软体动物
Ⅴ. 其他	二氧化碳	杀虫，用于贮存设施
	过氧化物类和含氯类消毒剂（如过氧乙酸、二氧化氯、二氯异氰尿酸钠、三氯异氰尿酸等）	杀菌，用于土壤、培养基质、种子和设施消毒
	乙醇	杀菌
	海盐和盐水	杀菌，仅用于种子（如稻谷等）处理
	软皂（钾肥皂）	杀虫
	松脂酸钠	杀虫
	乙烯	催熟等
	石英砂	杀菌、杀螨、驱避
	昆虫性信息素	引诱或干扰
	磷酸氢二铵	引诱

ª 国家新禁用或列入《限制使用农药名录》的农药自动从该清单中删除。

A.2 A 级绿色食品生产允许使用的其他农药清单

当表 A.1 所列农药不能满足生产需要时，A 级绿色食品生产还可按照农药产品标签或 GB/T 8321 的规定使用下列农药：

a. 杀虫杀螨剂

（1）苯丁锡 fenbutatin oxide

（2）吡丙醚 pyriproxifen

（3）吡虫啉 imidacloprid

（4）吡蚜酮 pymetrozine

（5）虫螨腈 chlorfenapyr

（6）除虫脲 diflubenzuron

（7）啶虫脒 acetamiprid

（8）氟虫脲 flufenoxuron

（9）氟啶虫胺腈 sulfoxaflor

（10）氟啶虫酰胺 flonicamid

（11）氟铃脲 hexaflumuron

（12）高效氯氰菊酯 beta-cypermethrin

（13）甲氨基阿维菌素苯甲酸盐 emamectin benzoate

（14）甲氰菊酯 fenpropathrin

（15）甲氧虫酰肼 methoxyfenozide

（16）抗蚜威 pirimicarb

（17）喹螨醚 fenazaquin

（18）联苯肼酯 bifenazate

（19）硫酰氟 sulfuryl fluoride

（20）螺虫乙酯 spirotetramat

（21）螺螨酯 spirodiclofen

（22）氯虫苯甲酰胺 chlorantraniliprole

（23）灭蝇胺 cyromazine

（24）灭幼脲 chlorbenzuron

（25）氰氟虫腙 metaflumizone

（26）噻虫啉 thiacloprid

（27）噻虫嗪 thiamethoxam

（28）噻螨酮 hexythiazox

（29）噻嗪酮 buprofezin

（30）杀虫双 bisultap thiosultapdisodium

（31）杀铃脲 triflumuron

（32）虱螨脲 lufenuron

（33）四聚乙醛 metaldehyde

（34）四螨嗪 clofentezine

（35）辛硫磷 phoxim

（36）溴氰虫酰胺 cyantraniliprole

（37）乙螨唑 etoxazole

（38）茚虫威 indoxacard

（39）唑螨酯 fenpyroximate

b. 杀菌剂

（1）苯醚甲环唑 difenoconazole

（2）吡唑醚菌酯 pyraclostrobin

（3）丙环唑 propiconazol

（4）代森联 metriam

（5）代森锰锌 mancozeb

（6）代森锌 zineb

（7）稻瘟灵 isoprothiolane

（8）啶酰菌胺 boscalid

（9）啶氧菌酯 picoxystrobin

（10）多菌灵 carbendazim

（11）噁霉灵 hymexazol

（12）噁霜灵 oxadixyl

（13）噁唑菌酮 famoxadone

（14）粉唑醇 flutriafol

(15) 氟吡菌胺 fluopicolide

(16) 氟吡菌酰胺 fluopyram

(17) 氟啶胺 fluazinam

(18) 氟环唑 epoxiconazole

(19) 氟菌唑 triflumizole

(20) 氟硅唑 flusilazole

(21) 氟吗啉 flumorph

(22) 氟酰胺 flutolanil

(23) 氟唑环菌胺 sedaxane

(24) 腐霉利 procymidone

(25) 咯菌腈 fludioxonil

(26) 甲基立枯磷 tolclofos-methyl

(27) 甲基硫菌灵 thiophanate-methyl

(28) 腈苯唑 fenbuconazole

(29) 腈菌唑 myclobutanil

(30) 精甲霜灵 metalaxyl-M

(31) 克菌丹 captan

(32) 喹啉铜 oxine-copper

(33) 醚菌酯 kresoxim-methyl

(34) 嘧菌环胺 cyprodinil

(35) 嘧菌酯 azoxystrobin

(36) 嘧霉胺 pyrimethanil

(37) 棉隆 dazomet

(38) 氰霜唑 cyazofamid

(39) 氰氨化钙 calcium cyanamide

(40) 噻呋酰胺 thifluzamide

(41) 噻菌灵 thiabendazole

(42) 噻唑锌

(43) 三环唑 tricyclazole

(44) 三乙膦酸铝 fosetyl-aluminium

(45) 三唑醇 triadimenol

(46) 三唑酮 triadimefon

(47) 双炔酰菌胺 mandipropamid

(48) 霜霉威 propamocarb

(49) 霜脲氰 cymoxanil

(50) 威百亩 metam-sodium

(51) 萎锈灵 carboxin

(52) 肟菌酯 trifloxystrobin

(53) 戊唑醇 tebuconazole

(54) 烯肟菌胺

(55) 烯酰吗啉 dimethomorph

(56) 异菌脲 iprodione

(57) 抑霉唑 imazalil

c. 除草剂

(1) 2 甲 4 氯 MCPA

(2) 氨氯吡啶酸 picloram

(3) 苄嘧磺隆 bensulfuron-methyl

(4) 丙草胺 pretilachlor

(5) 丙炔噁草酮 oxadiargyl

(6) 丙炔氟草胺 flumioxazin

(7) 草铵膦 glufosinate-ammonium

(8) 二甲戊灵 pendimethalin

(9) 二氯吡啶酸 clopyralid

(10) 氟唑磺隆 flucarbazone-sodium

(11) 禾草灵 diclofop-methyl

(12) 环嗪酮 hexazinone

（13）磺草酮 sulcotrione

（14）甲草胺 alachlor

（15）精吡氟禾草灵 fluazifop-P

（16）精喹禾灵 quizalofop-P

（17）精异丙甲草胺 s-metolachlor

（18）绿麦隆 chlortoluron

（19）氯氟吡氧乙酸（异辛酸）fluroxypyr

（20）氯氟吡氧乙酸异辛酯
　　　fluroxypyr-mepthyl

（21）麦草畏 dicamba

（22）咪唑喹啉酸 imazaquin

（23）灭草松 bentazone

（24）氰氟草酯 cyhalofop butyl

（25）炔草酯 clodinafop-propargyl

（26）乳氟禾草灵 lactofen

（27）噻吩磺隆 thifensulfuron-methyl

（28）双草醚 bispyribac-sodium

（29）双氟磺草胺 florasulam

（30）甜菜安 desmedipham

（31）甜菜宁 phenmedipham

（32）五氟磺草胺 penoxsulam

（33）烯草酮 clethodim

（34）烯禾啶 sethoxydim

（35）酰嘧磺隆 amidosulfuron

（36）硝磺草酮 mesotrione

（37）乙氧氟草醚 oxyfluorfen

（38）异丙隆 isoproturon

（39）唑草酮 carfentrazone-ethyl

d. 植物生长调节剂

（1）1-甲基环丙烯 1-methylcyclopropene

（2）2，4-滴、2，4-D（只允许作为植
　　物生长调节剂使用）

（3）矮壮素 chlormequat

（4）氯吡脲 forchlorfenuron

（5）萘乙酸 1-naphthal acetic acid

（6）烯效唑 uniconazole

　　国家新禁用或列入《限制使用农药名录》的农药自动从上述清单中删除。

附录2：绿色食品 产地环境质量

（NY/T 391—2021）

1 范围

本文件规定了绿色食品产地的术语和定义、产地生态环境基本要求、隔离保护要求、产地环境质量通用要求、环境可持续发展要求。

本文件适用于绿色食品生产。

2 规范性引用文件

下列文件中的内容通过文中的规范性引用而构成本文件必不可少的条款。其中，注日期的引用文件，仅该日期对应的版本适用于本文件；不注日期的引用文件，其最新版本（包括所有的修改单）适用于本文件。

GB/T 5750.4 生活饮用水标准检验方法 感官性状和物理指标

GB/T 5750.5 生活饮用水标准检验方法 无机非金属指标

GB/T 5750.6 生活饮用水标准检验方法 金属指标

GB/T 5750.12 生活饮用水标准检验方法 微生物指标

GB/T 7467 水质 六价铬的测定 二苯碳酰二肼分光光度法

GB/T 7484 水质 氟化物的测定 离子选择电极法

GB/T 11892 水质 高锰酸盐指数的测定

GB/T 12763.4 海洋调查规范 第4部分：海水化学要素调查

GB/T 14675 空气质量 恶臭的测定 三点比较式臭袋法

GB/T 14678 空气质量 硫化氢、甲硫醇、甲硫醚和二甲二硫的测定 气相色谱法

GB/T 15432 环境空气 总悬浮颗粒物的测定 重量法

GB/T 17141 土壤质量 铅、镉的测定 石墨炉原子吸收分光光度法

GB/T 22105.1 土壤质量 总汞、总砷、总铅的测定 原子荧光法 第1部分：

土壤中总汞的测定

GB/T 22105.2　土壤质量　总汞、总砷、总铅的测定　原子荧光法　第 2 部分：土壤中总砷的测定

HJ 479　环境空气　氮氧化物（一氧化氮和二氧化氮）的测定　盐酸萘乙二胺分光光度法

HJ 482　环境空气　二氧化硫的测定　甲醛吸收-副玫瑰苯胺分光光度法

HJ 491　土壤和沉积物　铜、锌、铅、镍、铬的测定　火焰原子吸收分光光度法

HJ 503　水质　挥发酚的测定　4-氨基安替比林分光光度法

HJ 505　水质　五日生化需氧量（BOD₅）的测定　稀释与接种法

HJ 533　环境空气和废气　氨的测定　纳氏试剂分光光度法

HJ 536　水质　氨氮的测定　水杨酸分光光度法

HJ 694　水质　汞、砷、硒、铋和锑的测定　原子荧光法

HJ 700　水质　65 种元素的测定　电感耦合等离子体质谱法

HJ 717　土壤质量　全氮的测定　凯氏法

HJ 828　水质　化学需氧量的测定　重铬酸盐法

HJ 870　固定污染源废气　二氧化碳的测定　非分散红外吸收法

HJ 955　环境空气　氟化物的测定　滤膜采样/氟离子选择电极法

HJ 970　水质石油类的测定　紫外分光光度法

HJ 1147　水质　pH 的测定　电极法

LY/T 1232　森林土壤磷的测定

LY/T 1234　森林土壤钾的测定

NY/T 1121.6　土壤检测　第 6 部分：土壤有机质的测定

NY/T 1377　土壤 pH 的测定

SL 355 水质　粪大肠菌群的测定——多管发酵法

3　术语和定义

下列术语和定义适用于本文件。

3.1　环境空气标准状态 ambient air standard state

温度为 298.15 K，压力为 101.325 kPa 时的环境空气状态。

3.2 舍区 living area for livestock and poultry

畜禽所处的封闭或半封闭生活区域，即畜禽直接生活环境区。

4 产地生态环境基本要求

4.1 绿色食品生产应选择生态环境良好、无污染的地区，远离工矿区、公路铁路干线和生活区，避开污染源。

4.2 产地应距离公路、铁路、生活区 50 m 以上，距离工矿企业 1 km 以上。

4.3 产地远离污染源，配备切断有毒有害物进入产地的措施。

4.4 产地不应受外来污染威胁，产地上风向和灌溉水上游不应有排放有毒有害物质的工矿企业，灌溉水源应是深井水或水库等清洁水源，不应使用污水或塘水等被污染的地表水；园地土壤不应是施用含有毒有害物质的工业废渣改良过土壤。

4.5 应建立生物栖息地，保护基因多样性、物种多样性和生态系统多样性，以维持生态平衡。

4.6 应保证产地具有可持续生产能力，不对环境或周边其他生物产生污染。

4.7 利用上一年度产地区域空气质量数据，综合分析产区空气质量。

5 隔离保护要求

5.1 应在绿色食品和常规生产区域之间设置有效的缓冲带或物理屏障，以防止绿色食品产地受到污染。

5.2 绿色食品产地应与常规生产区保持一定距离，或在两者之间设立物理屏障，或利用地表水、山岭分割等其他方法，两者交界处应有明显可识别的界标。

5.3 绿色食品种植产地与常规生产区农田间建立缓冲隔离带，可在绿色食品种植区边缘 5~10 m 处种植树木作为双重篱墙，隔离带宽度 8 m 左右，隔离带种植缓冲作物。

6 产地环境质量通用要求

6.1 空气质量要求

除畜禽养殖业外，空气质量应符合表 1 的要求。

表 1 空气质量要求（标准状态）

项目	指标		检测方法
	日平均 [a]	1 h [b]	
总悬浮颗粒物，mg/m³	≤0.30	—	GB/T 15432
二氧化硫，mg/m³	≤0.15	≤0.50	HJ 482
二氧化氮，mg/m³	≤0.08	≤0.20	HJ 479
氟化物，μg/m³	≤7	≤20	HJ 955

[a] 平均指任何一日的平均指标。
[b] 1 h 指任何 1 h 的指标。

畜禽养殖业空气质量应符合表 2 的要求。

表 2 畜禽养殖业空气质量要求（标准状态）

单位：mg/m³

项目	禽舍区（日平均）		畜舍区（日平均）	检验方法
	雏	成		
总悬浮颗粒物	≤8		≤3	GB/T 15432
二氧化碳	≤1 500		≤1 500	HJ 870
硫化氢	≤2	10	≤8	GB/T 14678
氨气	≤10	15	≤20	HJ 533
恶臭（稀释倍数，无量纲）	≤70		≤70	GB/T 14675

6.2 水质要求

6.2.1 农田灌溉水水质要求

农田灌溉水包括用于农田灌溉的地表水、地下水，以及水培蔬菜、水生植物生产用水和食用菌生产用水等，应符合表 3 的要求。

表 3 农田灌溉水水质要求

项目	指标	检验方法
pH	5.5~8.5	HJ 1147
总汞，mg/L	≤0.001	HJ 694
总镉，mg/L	≤0.005	HJ 700
总砷，mg/L	≤0.05	HJ 694

项目	指标	检验方法
总铅，mg/L	≤0.1	HJ 700
六价铬，mg/L	≤0.1	GB/T 7467
氟化物，mg/L	≤2.0	GB/T 7484
化学需氧量（COD_{Cr}），mg/L	≤60	HJ 828
石油类，mg/L	≤1.0	HJ 970
粪大肠菌群 [a]，MPN/L	≤10 000	SL 355
[a] 仅适用于灌溉蔬菜、瓜类和草本水果的地表水。		

6.2.2 渔业水水质要求

应符合表4的要求。

表4 渔业水水质要求

项目	指标		检验方法
	淡水	海水	
色、臭、味	不应有异色、异臭、异味		GB/T 5750.4
pH	6.5~9.0		HJ 1147
生化需氧量（BOD_5），mg/L	≤5	≤3	HJ 505
总大肠菌群，MPN/100mL	≤500（贝类 50）		GB/T 5750.12
总汞，mg/L	≤0.000 5	≤0.000 2	HJ 694
总镉，mg/L	≤0.005		HJ 700
总铅，mg/L	≤0.050	≤0.005	HJ 700
总铜，mg/L	≤0.01		HJ 700
总砷，mg/L	≤0.05	≤0.03	HJ 694
六价铬，mg/L	≤0.10	≤0.01	GB/T 7467
挥发酚，mg/L	≤0.005		HJ 503
石油类，mg/L	≤0.05		HJ 970
活性磷酸盐（以 P 计），mg/L	—	≤0.03	GB/T 12763.4
高锰酸钾指数，mg/L	≤6	—	GB/T 11892
氨氮（NH_3-N），mg/L	≤1	—	HJ 536
漂浮物质应满足水面不出现油膜或浮沫要求。			

6.2.3 畜牧养殖用水水质要求

畜牧养殖用水包括畜禽养殖用水和养蜂用水，应符合表 5 的要求。

表 5　畜牧养殖用水水质要求

项目	指标	检验方法
色度 [a]，度	≤15，并不应呈现其他异色	GB/T 5750.4
浑浊度 [a]（散射浑浊度单位），NTU	≤3	GB/T 5750.4
臭和味	不应有异臭、异味	GB/T 5750.4
肉眼可见物 [a]	不应含有	GB/T 5750.4
pH	6.5~8.5	GB/T 5750.4
氟化物，mg/L	≤1	GB/T 5750.5
氰化物，mg/L	≤0.05	GB/T 5750.5
总砷，mg/L	≤0.05	GB/T 5750.6
总汞，mg/L	≤0.001	GB/T 5750.6
总镉，mg/L	≤0.01	GB/T 5750.6
六价铬，mg/L	≤0.05	GB/T 5750.6
总铅，mg/L	≤0.05	GB/T 5750.6
菌落总数 [a]，CFU/mL	≤100	GB/T 5750.12
总大肠菌群，MPN/100 mL	不得检出	GB/T 5750.12
[a] 散养模式免测该指标。		

6.2.4 加工用水水质要求

加工用水（含食用盐生产用水等）应符合表 6 的要求。

表 6　加工用水水质要求

项目	指标	检验方法
pH	6.5~8.5	GB/T 5750.4
总汞，mg/L	≤0.001	GB/T 5750.6
总砷，mg/L	≤0.01	GB/T 5750.6
总镉，mg/L	≤0.005	GB/T 5750.6
总铅，mg/L	≤0.01	GB/T 5750.6

续表

项目	指标	检验方法
六价铬，mg/L	≤0.05	GB/T 5750.6
氰化物，mg/L	≤0.05	GB/T 5750.5
氟化物，mg/L	≤1	GB/T 5750.5
菌落总数，CFU/mL	≤100	GB/T 5750.12
总大肠菌群，MPN/100 mL	不得检出	GB/T 5750.12

6.2.5 食用盐原料水水质要求

食用盐原料水包括海水、湖盐或井矿盐天然卤水，应符合表7的要求。

表7 食用盐原料水水质要求

单位：mg/L

项目	指标	检验方法
总汞	≤0.001	GB/T 5750.6
总砷	≤0.03	GB/T 5750.6
总镉	≤0.005	GB/T 5750.6
总铅	≤0.01	GB/T 5750.6

6.3 土壤环境质量要求

土壤环境质量按土壤耕作方式的不同分为旱田和水田两大类，每类又根据土壤pH的高低分为3种情况，即pH<6.5，6.5≤pH≤7.5，pH>7.5，应符合表8的要求。

表8 土壤质量要求

单位：mg/kg

项目	旱田			水田			检验方法
	pH<6.5	6.5≤pH≤7.5	pH>7.5	pH<6.5	6.5≤pH≤7.5	pH>7.5	NY/T 1377
总镉	≤0.30	≤0.30	≤0.40	≤0.30	≤0.30	≤0.40	GB/T 17141
总汞	≤0.25	≤0.30	≤0.35	≤0.30	≤0.40	≤0.40	GB/T 22105.1
总砷	≤25	≤20	≤20	≤20	≤20	≤15	GB/T 22105.2
总铅	≤50	≤50	≤50	≤50	≤50	≤50	GB/T 17141
总铬	≤120	≤120	≤120	≤120	≤120	≤120	HJ 491
总铜	≤50	≤60	≤60	≤50	≤60	≤60	HJ 491
果园土壤中铜限量值为旱田中铜限量值的2倍。 水旱轮作用的标准值取严不取宽。 底泥按照水田标准执行。							

6.4 食用菌栽培基质质量要求

栽培基质应符合表9的要求,栽培过程中使用的土壤应符合6.3的要求。

表9 食用菌栽培基质质量要求

单位:mg/kg

项目	指标	检验方法
总汞	≤0.1	GB/T 22105.1
总砷	≤0.8	GB/T 22105.2
总镉	≤0.3	GB/T 17141
总铅	≤35	GB/T 17141

7 环境可持续发展要求

7.1 应持续保持土壤地力水平,土壤肥力应维持在同一等级或不断提升。土壤肥力分级参考指标见表10。

表10 土壤肥力分级参考指标

项目	级别	旱田	水田	菜地	园地	牧地	检验方法
有机质,g/kg	I	>15	>25	>30	>20	>20	NY/T 1121.6
	II	10~15	20~25	20~30	15~20	15~20	
	III	<10	<20	<20	<15	<15	
全氮,g/kg	I	>1.0	>1.2	>1.2	>1.0	—	HJ 717
	II	0.8~1.0	1.0~1.2	1.0~1.2	0.8~1.0	—	
	III	<0.8	<1.0	<1.0	<0.8	—	
有效磷,mg/kg	I	>10	>15	>40	>10	>10	LY/T 1232
	II	5~10	10~15	20~40	5~10	5~10	
	III	<5	<10	<20	<5	<5	
速效钾,mg/kg	I	>120	>100	>150	>100	—	LY/T 1234
	II	80~120	50~100	100~150	50~100	—	
	III	<80	<50	<100	<50	—	
底泥、食用菌栽培基质不做土壤肥力检测。							

7.2 应通过合理施用投入品和环境保护措施,保持产地环境指标在同等水平或逐步递减。

附录3：绿色食品　稻米

（NY/T 419—2021）

1　范围

本文件规定了绿色食品稻米的术语和定义，要求、检验规则，标签，包装、运输和储存。

本文件适用于绿色食品稻米，包括大米（含糯米）、糙米、胚芽米、蒸谷米、紫（黑）米、红米，以及作为绿色食品稻米原料的稻谷，不适用于加入添加剂的稻米。

2　规范性引用文件

下列文件中的内容通过文中的规范性引用而构成本文件必不可少的条款。其中，注日期的引用文件，仅该日期对应的版本适用于本文件；不注日期的引用文件，其最新版本（包括所有的修改单）适用于本文件。

GB 5009.3　食品安全国家标准　食品中水分的测定

GB 5009.11　食品安全国家标准　食品中总砷及无机砷的测定

GB/T 5009.20　食品中有机磷农药残留量的测定

GB 5009.22　食品安全国家标准　食品中黄曲霉毒素 B 族和 G 族的测定

GB 5009.268　食品安全国家标准　食品中多元素的测定

GB/T 5492　粮油检验　粮食、油料的色泽、气味、口味鉴定法

GB/T 5493　粮油检验　类型及互混检验

GB/T 5494　粮油检验　粮食、油料的杂质、不完善粒检验法

GB/T 5496　粮食、油料检验　黄粒米及裂纹粒检验法

GB/T 5502　粮油检验　米类加工精度检验

GB/T 5503　粮油检验　碎米检验法

GB 7718　食品安全国家标准　预包装食品标签通则

GB 14881　食品安全国家标准　食品生产通用卫生规范

GB/T 20769　水果和蔬菜中 450 种农药及相关化学品残留量的测定　液相色谱–串联质谱法

GB/T 20770　粮谷中 486 种农药及相关化学品残留量的测定　液相色谱–串联质谱法

GB 23200.113　食品安全国家标准　植物源性食品中 208 种农药及其代谢物残留量的测定　气相色谱–质谱联用法

JJF 1070　定量包装商品净含量计量检验规则

NY/T 83　米质测定方法

NY/T 391　绿色食品　产地环境质量

NY/T 393　绿色食品　农药使用准则

NY/T 394　绿色食品　肥料使用准则

NY/T 658　绿色食品　包装通用准则

NY/T 832　黑米

NY/T 1055　绿色食品　产品检验规则

NY/T 1056　绿色食品　储藏运输准则

NY/T 2334　稻米整精米率、粒型、垩白粒率、垩白度及透明度的测定　图像法

NY/T 2639　稻米直链淀粉的测定　分光光度法

SN/T 2158　进出口食品中毒死蜱残留量检测方法

国家质量监督检验检疫总局令 2005 年第 75 号　定量包装商品计量监督管理办法

3　术语和定义

下列术语和定义适用于本文件。

3.1　糙米 brown rice

稻谷脱壳后保留着皮层和胚芽的米。

3.2　胚芽米 germ-remained white rice

胚芽保留率达 75% 以上的精米。

3.3　留胚粒率 germ-remained white rice recovery

胚芽米中保留全胚、平胚或半胚的米粒占总米粒数的比率。

3.4 蒸谷米 parboiled rice

稻谷经清理、浸泡、蒸煮、干燥等处理后，再按常规稻谷碾米加工方法生产的稻米。

3.5 红米 red rice

糙米天然色泽为棕红色的稻米。

4 要求

4.1 产地环境

产地环境应符合 NY/T 391 的要求。

4.2 投入品

生产过程中农药、肥料使用应分别符合 NY/T 393、NY/T 394 的要求。

4.3 加工环境

应符合 GB 14881 的要求。

4.4 感官

产品的色泽、气味应为正常，其中蒸谷米的色泽、气味要求为色泽微黄略透明，具有蒸谷米特有的气味；色泽、气味按照 GB/T 5492 的规定检测。

4.5 理化指标

4.5.1 大米、糯米、蒸谷米、红米、糙米、胚芽米和紫（黑）米

应符合表 1 的要求。

表 1 大米、糯米、蒸谷米、红米、糙米、胚芽米和紫（黑）米的理化指标

项目		大米	糯米	蒸谷米	红米	糙米	胚芽米	紫(黑)米	检验方法
碎米	总量，%	籼≤15.0，粳≤10.0							GB/T 5503
	其中：小碎米，%	籼≤1.0，粳≤0.5							
加工精度		精碾			—				GB/T 5502
水分，%	籼	≤14.5			≤14.0				GB 5009.3
	粳	≤15.5			≤15.0				
不完善粒，%		≤3.0							GB/T 5494
杂质	总量，%	≤0.25							GB/T 5494
	其中：无机杂质，%	≤0.02							

项目		大米	糯米	蒸谷米	红米	糙米	胚芽米	紫(黑)米	检验方法
互混率，%		≤5.0							GB/T 5493
黄粒米，%		≤0.5		—		≤0.5			GB/T 5496
透明度，级		≤2	—	—					NY/T 2334
垩白度，%	籼	≤5.0	—	—					NY/T 2334
	粳	≤4.0	—						
胶稠度，mm	籼	≥50	≥90	—					NY/T 83
	粳	≥60							
直链淀粉（干基），%	籼	13.0~22.0	≤2.0	—					NY/T 2639
	粳	13.0~20.0							
碱消值，级	籼	≥5.0	—						NY/T 83
	粳	≥6.0							
黑米色素，色价值		—						≥1.0	NY/T 832
留胚粒率，%		—					≥75	—	见附录B

4.5.2 稻谷

应符合表2的要求。

表2 稻谷的理化指标

项目	品种				检验方法
	籼	籼糯	粳	粳糯	
胶稠度，mm	≥50	≥90	≥60	≥90	NY/T 83
直链淀粉（干基），%	13.0~22.0	≤2.0	13.0~20.0	≤2.0	NY/T 2639
透明度，级	≤2	—	≤2	—	NY/T 2334
垩白度，%	≤5.0	—	≤4.0	—	NY/T 2334
糙米率，%	≥77.0		≥79.0		NY/T 83
整精米率，%	≥52.0		≥63.0		NY/T 2334
碱消值，级	≥5.0		≥6.0		NY/T 83
水分，%	≤13.5		≤14.5		GB 5009.3
杂质，%	≤1.0				GB/T 5494
互混率，%	≤5.0				GB/T 5493
黄粒米，%	≤1.0				GB/T 5496
紫（黑）米、红米等有色米稻谷不检测整精米率、垩白度、透明度和直链淀粉。					

4.6 污染物限量和农药残留限量

污染物和农药残留限量应符合相关食品安全国家标准及规定的要求，同时应符合表3的要求。

表3 污染物和农药残留限量

单位：mg/kg

序号	项目	指标	检验方法
1	总汞（以 Hg 计）	≤0.01	GB 5009.268
2	无机砷（以 As 计）	≤0.15	GB 5009.11
3	苯醚甲环唑	≤0.07	GB 23200.113
4	吡蚜酮	≤0.05	GB/T 20770
5	吡唑醚菌酯 [a]	≤0.09	GB/T 20770
6	丁草胺	≤0.01	GB/T 20770
7	毒死蜱	≤0.01	SN/T 2158
8	多菌灵	≤1.00	GB/T 20770
9	氟虫腈 [b]	≤0.01	GB 23200.113
10	克百威 [c]	≤0.01	GB/T 20770
11	乐果	≤0.01	GB/T 20770
12	嘧菌酯	≤0.20	GB/T 20770
13	三唑磷	≤0.01	GB/T 20770
14	三唑酮	≤0.30	GB/T 20770
15	水胺硫磷	≤0.01	GB/T 5009.20
16	氧乐果	≤0.01	GB/T 20770
注：稻谷样品以糙米检测。			
[a] 吡唑醚菌酯又名百克敏。			
[b] 氟虫腈、氟甲腈、氟虫腈砜、氟虫腈亚砜之和，以氟虫腈表示。			
[c] 克百威及3-羟基克百威之和，以克百威表示。			

4.7 净含量

应符合国家质量监督检验检疫总局令 2005 第 75 号的要求，检验方法按照 JJF 1070 的规定执行。

稻谷样品不检测净含量。

5 检验规则

申请绿色食品的稻米产品应按照本文件中 4.4~4.7 以及附录 A 所确定的项目进行检验，其他要求应符合 NY/T 1055 的规定。本文件规定的农药残留量检测方法，如有其他国家标准、行业标准以及部文公告的检测方法，且其检出限和定量限能满足限量值要求时，在检测时可采用。

6 标签

按照 GB 7718 的规定执行。

7 包装、运输和储存

7.1 包装

按照 NY/T 658 的规定执行。

7.2 运输和储存

按照 NY/T 1056 的规定执行。

附录 A

（规范性附录）

绿色食品稻米产品申报检验项目

表 A.1 规定了除 4.4~4.7 所列项目外，按食品安全国家标准和绿色食品稻米生产实际情况，绿色食品申报检验还应检验的项目。

表 A.1 污染物、农药残留及真菌毒素项目

序号	项目	指标	检验方法
1	铅（以 Pb 计），mg/kg	≤0.2	GB 5009.268
2	镉（以 Cd 计），mg/kg	≤0.2	GB 5009.268
3	铬（以 Cr 计），mg/kg	≤1.0	GB 5009.268
4	吡虫啉，mg/kg	≤0.05	GB/T 20770
5	丙环唑，mg/kg	≤0.1	GB/T 20770
6	稻瘟灵，mg/kg	≤1.0	GB/T 20770

续表

序号	项目	指标	检验方法
7	啶虫脒，mg/kg	≤0.5	GB/T 20770
8	甲氨基阿维菌素苯甲酸盐，mg/kg	≤0.02	GB/T 20769
9	灭草松，mg/kg	≤0.1	GB/T 20770
10	噻嗪酮，mg/kg	≤0.3	GB/T 20770
11	三环唑，mg/kg	≤2.0	GB/T 20770
12	戊唑醇，mg/kg	≤0.5	GB/T 20770
13	黄曲霉毒素 B1，μg/kg	≤5.0	GB 5009.22
注：稻谷样品以糙米检测。			

附录 B

（规范性附录）

留胚粒率检验方法

B.1 操作方法

从胚芽米样品中随机取出 100 粒（m），置于铺有黑色绒布的水平桌面上，按照图 B.1 的要求辨别大米的留胚类别，检出留胚粒（全胚、平胚、半胚的米粒），计算留胚粒率。

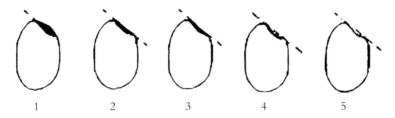

标引序号说明：

1——全胚：糙米经碾白后，米胚保持原有的状态；

2——平胚：糙米经碾白后，留有的米胚平米嘴的切线；

3——半胚：糙米经碾白后，留有的米胚低于米嘴的切线但高于残胚；

4——残胚：糙米经碾白后，仅残留很小一部分米胚；

5——无胚：糙米经碾白后，米胚全部脱落。

图 B.1　大米留胚图例

B.2 计算公式

留胚粒率按公式（1）计算。

$$X=\frac{(m_1+m_2+m_3)\times100}{m}$$ ······························ （1）

式中：

X ——留胚粒率，单位为百分率（%）；

m_1 ——全胚米粒数，单位为粒；

m_2 ——平胚米粒数，单位为粒；

m_3 ——半胚米粒数，单位为粒；

m ——试样粒数，单位为粒。

结果以3次重复测定的平均值表示，计算结果表示到整数位。

附录4：中华人民共和国农产品质量安全法

（2006 年 4 月 29 日第十届全国人民代表大会常务委员会第二十一次会议通过，根据 2018 年 10 月 26 日第十三届全国人民代表大会常务委员会第六次会议《关于修改〈中华人民共和国野生动物保护法〉等十五部法律的决定》修正，2022 年 9 月 2 日第十三届全国人民代表大会常务委员会第三十六次会议修订）。

第一章　总　则

第一条　为了保障农产品质量安全，维护公众健康，促进农业和农村经济发展，制定本法。

第二条　本法所称农产品，是指来源于种植业、林业、畜牧业和渔业等的初级产品，即在农业活动中获得的植物、动物、微生物及其产品。

本法所称农产品质量安全，是指农产品质量达到农产品质量安全标准，符合保障人的健康、安全的要求。

第三条　与农产品质量安全有关的农产品生产经营及其监督管理活动，适用本法。

《中华人民共和国食品安全法》对食用农产品的市场销售、有关质量安全标准的制定、有关安全信息的公布和农业投入品已经作出规定的，应当遵守其规定。

第四条　国家加强农产品质量安全工作，实行源头治理、风险管理、全程控制，建立科学、严格的监督管理制度，构建协同、高效的社会共治体系。

第五条　国务院农业农村主管部门、市场监督管理部门依照本法和规定的职责，对农产品质量安全实施监督管理。

国务院其他有关部门依照本法和规定的职责承担农产品质量安全的有关工作。

第六条　县级以上地方人民政府对本行政区域的农产品质量安全工作负责，统一领导、组织、协调本行政区域的农产品质量安全工作，建立健全农产品质量安全工作机制，提高农产品质量安全水平。

县级以上地方人民政府应当依照本法和有关规定，确定本级农业农村主管部门、市场监督管理部门和其他有关部门的农产品质量安全监督管理工作职责。各有关部门在职责范围内负责本行政区域的农产品质量安全监督管理工作。

乡镇人民政府应当落实农产品质量安全监督管理责任，协助上级人民政府及其有关部门做好农产品质量安全监督管理工作。

第七条 农产品生产经营者应当对其生产经营的农产品质量安全负责。

农产品生产经营者应当依照法律、法规和农产品质量安全标准从事生产经营活动，诚信自律，接受社会监督，承担社会责任。

第八条 县级以上人民政府应当将农产品质量安全管理工作纳入本级国民经济和社会发展规划，所需经费列入本级预算，加强农产品质量安全监督管理能力建设。

第九条 国家引导、推广农产品标准化生产，鼓励和支持生产绿色优质农产品，禁止生产、销售不符合国家规定的农产品质量安全标准的农产品。

第十条 国家支持农产品质量安全科学技术研究，推行科学的质量安全管理方法，推广先进安全的生产技术。国家加强农产品质量安全科学技术国际交流与合作。

第十一条 各级人民政府及有关部门应当加强农产品质量安全知识的宣传，发挥基层群众性自治组织、农村集体经济组织的优势和作用，指导农产品生产经营者加强质量安全管理，保障农产品消费安全。

新闻媒体应当开展农产品质量安全法律、法规和农产品质量安全知识的公益宣传，对违法行为进行舆论监督。有关农产品质量安全的宣传报道应当真实、公正。

第十二条 农民专业合作社和农产品行业协会等应当及时为其成员提供生产技术服务，建立农产品质量安全管理制度，健全农产品质量安全控制体系，加强自律管理。

第二章　农产品质量安全风险管理和标准制定

第十三条 国家建立农产品质量安全风险监测制度。

国务院农业农村主管部门应当制定国家农产品质量安全风险监测计划，并对重点区域、重点农产品品种进行质量安全风险监测。省、自治区、直辖市人民政府农业农村主管部门应当根据国家农产品质量安全风险监测计划，结合本行政区域农产品生产经营实际，制定本行政区域的农产品质量安全风险监测实施方案，并报国务院农业农村主管部门备案。县级以上地方人民政府农业农村主管部门负责组织实施本行政区域的农产品质量安全风险监测。

县级以上人民政府市场监督管理部门和其他有关部门获知有关农产品质量安全风险信息后，应当立即核实并向同级农业农村主管部门通报。接到通报的农业农村主管部门应当及时上报。制定农产品质量安全风险监测计划、实施方案的部门应当及时研究分析，必要时进行调整。

第十四条 国家建立农产品质量安全风险评估制度。

国务院农业农村主管部门应当设立农产品质量安全风险评估专家委员会，对可能影响农产品质量安全的潜在危害进行风险分析和评估。国务院卫生健康、市场监督管理等部门发现需要对农产品进行质量安全风险评估的，应当向国务院农业农村主管部门提出风险评估建议。

农产品质量安全风险评估专家委员会由农业、食品、营养、生物、环境、医学、化工等方面的专家组成。

第十五条 国务院农业农村主管部门应当根据农产品质量安全风险监测、风险评估结果采取相应的管理措施，并将农产品质量安全风险监测、风险评估结果及时通报国务院市场监督管理、卫生健康等部门和有关省、自治区、直辖市人民政府农业农村主管部门。

县级以上人民政府农业农村主管部门开展农产品质量安全风险监测和风险评估工作时，可以根据需要进入农产品产地、储存场所及批发、零售市场。采集样品应当按照市场价格支付费用。

第十六条 国家建立健全农产品质量安全标准体系，确保严格实施。农产品质量安全标准是强制执行的标准，包括以下与农产品质量安全有关的要求：

（一）农业投入品质量要求、使用范围、用法、用量、安全间隔期和休药期规定；

（二）农产品产地环境、生产过程管控、储存、运输要求；

（三）农产品关键成分指标等要求；

（四）与屠宰畜禽有关的检验规程；

（五）其他与农产品质量安全有关的强制性要求。

《中华人民共和国食品安全法》对食用农产品的有关质量安全标准作出规定的，

依照其规定执行。

第十七条 农产品质量安全标准的制定和发布，依照法律、行政法规的规定执行。

制定农产品质量安全标准应当充分考虑农产品质量安全风险评估结果，并听取农产品生产经营者、消费者、有关部门、行业协会等的意见，保障农产品消费安全。

第十八条 农产品质量安全标准应当根据科学技术发展水平以及农产品质量安全的需要，及时修订。

第十九条 农产品质量安全标准由农业农村主管部门商有关部门推进实施。

第三章　农产品产地

第二十条 国家建立健全农产品产地监测制度。

县级以上地方人民政府农业农村主管部门应当会同同级生态环境、自然资源等部门制定农产品产地监测计划，加强农产品产地安全调查、监测和评价工作。

第二十一条 县级以上地方人民政府农业农村主管部门应当会同同级生态环境、自然资源等部门按照保障农产品质量安全的要求，根据农产品品种特性和产地安全调查、监测、评价结果，依照土壤污染防治等法律、法规的规定提出划定特定农产品禁止生产区域的建议，报本级人民政府批准后实施。

任何单位和个人不得在特定农产品禁止生产区域种植、养殖、捕捞、采集特定农产品和建立特定农产品生产基地。

特定农产品禁止生产区域划定和管理的具体办法由国务院农业农村主管部门商国务院生态环境、自然资源等部门制定。

第二十二条 任何单位和个人不得违反有关环境保护法律、法规的规定向农产品产地排放或者倾倒废水、废气、固体废物或者其他有毒有害物质。

农业生产用水和用作肥料的固体废物，应当符合法律、法规和国家有关强制性标准的要求。

第二十三条 农产品生产者应当科学合理使用农药、兽药、肥料、农用薄膜等农业投入品，防止对农产品产地造成污染。

农药、肥料、农用薄膜等农业投入品的生产者、经营者、使用者应当按照国家有关规定回收并妥善处置包装物和废弃物。

第二十四条　县级以上人民政府应当采取措施，加强农产品基地建设，推进农业标准化示范建设，改善农产品的生产条件。

第四章　农产品生产

第二十五条　县级以上地方人民政府农业农村主管部门应当根据本地区的实际情况，制定保障农产品质量安全的生产技术要求和操作规程，并加强对农产品生产经营者的培训和指导。

农业技术推广机构应当加强对农产品生产经营者质量安全知识和技能的培训。国家鼓励科研教育机构开展农产品质量安全培训。

第二十六条　农产品生产企业、农民专业合作社、农业社会化服务组织应当加强农产品质量安全管理。

农产品生产企业应当建立农产品质量安全管理制度，配备相应的技术人员；不具备配备条件的，应当委托具有专业技术知识的人员进行农产品质量安全指导。

国家鼓励和支持农产品生产企业、农民专业合作社、农业社会化服务组织建立和实施危害分析和关键控制点体系，实施良好农业规范，提高农产品质量安全管理水平。

第二十七条　农产品生产企业、农民专业合作社、农业社会化服务组织应当建立农产品生产记录，如实记载下列事项：

（一）使用农业投入品的名称、来源、用法、用量和使用、停用的日期；

（二）动物疫病、农作物病虫害的发生和防治情况；

（三）收获、屠宰或者捕捞的日期。

农产品生产记录应当至少保存二年。禁止伪造、变造农产品生产记录。

国家鼓励其他农产品生产者建立农产品生产记录。

第二十八条　对可能影响农产品质量安全的农药、兽药、饲料和饲料添加剂、肥料、兽医器械，依照有关法律、行政法规的规定实行许可制度。

省级以上人民政府农业农村主管部门应当定期或者不定期组织对可能危及农产品质量安全的农药、兽药、饲料和饲料添加剂、肥料等农业投入品进行监督抽查，并公布抽查结果。

农药、兽药经营者应当依照有关法律、行政法规的规定建立销售台账，记录购买者、销售日期和药品施用范围等内容。

第二十九条 农产品生产经营者应当依照有关法律、行政法规和国家有关强制性标准、国务院农业农村主管部门的规定，科学合理使用农药、兽药、饲料和饲料添加剂、肥料等农业投入品，严格执行农业投入品使用安全间隔期或者休药期的规定；不得超范围、超剂量使用农业投入品危及农产品质量安全。

禁止在农产品生产经营过程中使用国家禁止使用的农业投入品以及其他有毒有害物质。

第三十条 农产品生产场所以及生产活动中使用的设施、设备、消毒剂、洗涤剂等应当符合国家有关质量安全规定，防止污染农产品。

第三十一条 县级以上人民政府农业农村主管部门应当加强对农业投入品使用的监督管理和指导，建立健全农业投入品的安全使用制度，推广农业投入品科学使用技术，普及安全、环保农业投入品的使用。

第三十二条 国家鼓励和支持农产品生产经营者选用优质特色农产品品种，采用绿色生产技术和全程质量控制技术，生产绿色优质农产品，实施分等分级，提高农产品品质，打造农产品品牌。

第三十三条 国家支持农产品产地冷链物流基础设施建设，健全有关农产品冷链物流标准、服务规范和监管保障机制，保障冷链物流农产品畅通高效、安全便捷，扩大高品质市场供给。

从事农产品冷链物流的生产经营者应当依照法律、法规和有关农产品质量安全标准，加强冷链技术创新与应用、质量安全控制，执行对冷链物流农产品及其包装、运输工具、作业环境等的检验检测检疫要求，保证冷链农产品质量安全。

第五章　农产品销售

第三十四条 销售的农产品应当符合农产品质量安全标准。

农产品生产企业、农民专业合作社应当根据质量安全控制要求自行或者委托检测机构对农产品质量安全进行检测；经检测不符合农产品质量安全标准的农产品，应当及时采取管控措施，且不得销售。

农业技术推广等机构应当为农户等农产品生产经营者提供农产品检测技术服务。

第三十五条　农产品在包装、保鲜、储存、运输中所使用的保鲜剂、防腐剂、添加剂、包装材料等，应当符合国家有关强制性标准以及其他农产品质量安全规定。

储存、运输农产品的容器、工具和设备应当安全、无害。禁止将农产品与有毒有害物质一同储存、运输，防止污染农产品。

第三十六条　有下列情形之一的农产品，不得销售：

（一）含有国家禁止使用的农药、兽药或者其他化合物；

（二）农药、兽药等化学物质残留或者含有的重金属等有毒有害物质不符合农产品质量安全标准；

（三）含有的致病性寄生虫、微生物或者生物毒素不符合农产品质量安全标准；

（四）未按照国家有关强制性标准以及其他农产品质量安全规定使用保鲜剂、防腐剂、添加剂、包装材料等，或者使用的保鲜剂、防腐剂、添加剂、包装材料等不符合国家有关强制性标准以及其他质量安全规定；

（五）病死、毒死或者死因不明的动物及其产品；

（六）其他不符合农产品质量安全标准的情形。

对前款规定不得销售的农产品，应当依照法律、法规的规定进行处置。

第三十七条　农产品批发市场应当按照规定设立或者委托检测机构，对进场销售的农产品质量安全状况进行抽查检测；发现不符合农产品质量安全标准的，应当要求销售者立即停止销售，并向所在地市场监督管理、农业农村等部门报告。

农产品销售企业对其销售的农产品，应当建立健全进货检查验收制度；经查验不符合农产品质量安全标准的，不得销售。

食品生产者采购农产品等食品原料，应当依照《中华人民共和国食品安全法》的规定查验许可证和合格证明，对无法提供合格证明的，应当按照规定进行检验。

第三十八条　农产品生产企业、农民专业合作社以及从事农产品收购的单位或者个人销售的农产品，按照规定应当包装或者附加承诺达标合格证等标识的，须经包装或者附加标识后方可销售。包装物或者标识上应当按照规定标明产品的品名、产地、生产者、生产日期、保质期、产品质量等级等内容；使用添加剂的，还应当按照规定标明添加剂的名称。具体办法由国务院农业农村主管部门制定。

第三十九条 农产品生产企业、农民专业合作社应当执行法律、法规的规定和国家有关强制性标准，保证其销售的农产品符合农产品质量安全标准，并根据质量安全控制、检测结果等开具承诺达标合格证，承诺不使用禁用的农药、兽药及其他化合物且使用的常规农药、兽药残留不超标等。鼓励和支持农户销售农产品时开具承诺达标合格证。法律、行政法规对畜禽产品的质量安全合格证明有特别规定的，应当遵守其规定。

从事农产品收购的单位或者个人应当按照规定收取、保存承诺达标合格证或者其他质量安全合格证明，对其收购的农产品进行混装或者分装后销售的，应当按照规定开具承诺达标合格证。

农产品批发市场应当建立健全农产品承诺达标合格证查验等制度。

县级以上人民政府农业农村主管部门应当做好承诺达标合格证有关工作的指导服务，加强日常监督检查。

农产品质量安全承诺达标合格证管理办法由国务院农业农村主管部门会同国务院有关部门制定。

第四十条 农产品生产经营者通过网络平台销售农产品的，应当依照本法和《中华人民共和国电子商务法》《中华人民共和国食品安全法》等法律、法规的规定，严格落实质量安全责任，保证其销售的农产品符合质量安全标准。网络平台经营者应当依法加强对农产品生产经营者的管理。

第四十一条 国家对列入农产品质量安全追溯目录的农产品实施追溯管理。国务院农业农村主管部门应当会同国务院市场监督管理等部门建立农产品质量安全追溯协作机制。农产品质量安全追溯管理办法和追溯目录由国务院农业农村主管部门会同国务院市场监督管理等部门制定。

国家鼓励具备信息化条件的农产品生产经营者采用现代信息技术手段采集、留存生产记录、购销记录等生产经营信息。

第四十二条 农产品质量符合国家规定的有关优质农产品标准的，农产品生产经营者可以申请使用农产品质量标志。禁止冒用农产品质量标志。

国家加强地理标志农产品保护和管理。

第四十三条 属于农业转基因生物的农产品，应当按照农业转基因生物安全管理的有关规定进行标识。

第四十四条　依法需要实施检疫的动植物及其产品，应当附具检疫标志、检疫证明。

第六章　监督管理

第四十五条　县级以上人民政府农业农村主管部门和市场监督管理等部门应当建立健全农产品质量安全全程监督管理协作机制，确保农产品从生产到消费各环节的质量安全。

县级以上人民政府农业农村主管部门和市场监督管理部门应当加强收购、储存、运输过程中农产品质量安全监督管理的协调配合和执法衔接，及时通报和共享农产品质量安全监督管理信息，并按照职责权限，发布有关农产品质量安全日常监督管理信息。

第四十六条　县级以上人民政府农业农村主管部门应当根据农产品质量安全风险监测、风险评估结果和农产品质量安全状况等，制定监督抽查计划，确定农产品质量安全监督抽查的重点、方式和频次，并实施农产品质量安全风险分级管理。

第四十七条　县级以上人民政府农业农村主管部门应当建立健全随机抽查机制，按照监督抽查计划，组织开展农产品质量安全监督抽查。

农产品质量安全监督抽查检测应当委托符合本法规定条件的农产品质量安全检测机构进行。监督抽查不得向被抽查人收取费用，抽取的样品应当按照市场价格支付费用，并不得超过国务院农业农村主管部门规定的数量。

上级农业农村主管部门监督抽查的同批次农产品，下级农业农村主管部门不得另行重复抽查。

第四十八条　农产品质量安全检测应当充分利用现有的符合条件的检测机构。

从事农产品质量安全检测的机构，应当具备相应的检测条件和能力，由省级以上人民政府农业农村主管部门或者其授权的部门考核合格。具体办法由国务院农业农村主管部门制定。

农产品质量安全检测机构应当依法经资质认定。

第四十九条　从事农产品质量安全检测工作的人员，应当具备相应的专业知识和实际操作技能，遵纪守法，恪守职业道德。

农产品质量安全检测机构对出具的检测报告负责。检测报告应当客观公正，检测数据应当真实可靠，禁止出具虚假检测报告。

第五十条 县级以上地方人民政府农业农村主管部门可以采用国务院农业农村主管部门会同国务院市场监督管理等部门认定的快速检测方法，开展农产品质量安全监督抽查检测。抽查检测结果确定有关农产品不符合农产品质量安全标准的，可以作为行政处罚的证据。

第五十一条 农产品生产经营者对监督抽查检测结果有异议的，可以自收到检测结果之日起五个工作日内，向实施农产品质量安全监督抽查的农业农村主管部门或者其上一级农业农村主管部门申请复检。复检机构与初检机构不得为同一机构。

采用快速检测方法进行农产品质量安全监督抽查检测，被抽查人对检测结果有异议的，可以自收到检测结果时起四小时内申请复检。复检不得采用快速检测方法。

复检机构应当自收到复检样品之日起七个工作日内出具检测报告。

因检测结果错误给当事人造成损害的，依法承担赔偿责任。

第五十二条 县级以上地方人民政府农业农村主管部门应当加强对农产品生产的监督管理，开展日常检查，重点检查农产品产地环境、农业投入品购买和使用、农产品生产记录、承诺达标合格证开具等情况。

国家鼓励和支持基层群众性自治组织建立农产品质量安全信息员工作制度，协助开展有关工作。

第五十三条 开展农产品质量安全监督检查，有权采取下列措施：

（一）进入生产经营场所进行现场检查，调查了解农产品质量安全的有关情况；

（二）查阅、复制农产品生产记录、购销台账等与农产品质量安全有关的资料；

（三）抽样检测生产经营的农产品和使用的农业投入品以及其他有关产品；

（四）查封、扣押有证据证明存在农产品质量安全隐患或者经检测不符合农产品质量安全标准的农产品；

（五）查封、扣押有证据证明可能危及农产品质量安全或者经检测不符合产品质量标准的农业投入品以及其他有毒有害物质；

（六）查封、扣押用于违法生产经营农产品的设施、设备、场所以及运输工具；

（七）收缴伪造的农产品质量标志。

农产品生产经营者应当协助、配合农产品质量安全监督检查，不得拒绝、阻挠。

第五十四条 县级以上人民政府农业农村等部门应当加强农产品质量安全信用体系建设，建立农产品生产经营者信用记录，记载行政处罚等信息，推进农产品质量安全信用信息的应用和管理。

第五十五条 农产品生产经营过程中存在质量安全隐患，未及时采取措施消除的，县级以上地方人民政府农业农村主管部门可以对农产品生产经营者的法定代表人或者主要负责人进行责任约谈。农产品生产经营者应当立即采取措施，进行整改，消除隐患。

第五十六条 国家鼓励消费者协会和其他单位或者个人对农产品质量安全进行社会监督，对农产品质量安全监督管理工作提出意见和建议。任何单位和个人有权对违反本法的行为进行检举控告、投诉举报。

县级以上人民政府农业农村主管部门应当建立农产品质量安全投诉举报制度，公开投诉举报渠道，收到投诉举报后，应当及时处理。对不属于本部门职责的，应当移交有权处理的部门并书面通知投诉举报人。

第五十七条 县级以上地方人民政府农业农村主管部门应当加强对农产品质量安全执法人员的专业技术培训并组织考核。不具备相应知识和能力的，不得从事农产品质量安全执法工作。

第五十八条 上级人民政府应当督促下级人民政府履行农产品质量安全职责。对农产品质量安全责任落实不力、问题突出的地方人民政府，上级人民政府可以对其主要负责人进行责任约谈。被约谈的地方人民政府应当立即采取整改措施。

第五十九条 国务院农业农村主管部门应当会同国务院有关部门制定国家农产品质量安全突发事件应急预案，并与国家食品安全事故应急预案相衔接。

县级以上地方人民政府应当根据有关法律、行政法规的规定和上级人民政府的农产品质量安全突发事件应急预案，制定本行政区域的农产品质量安全突发事件应急预案。

发生农产品质量安全事故时，有关单位和个人应当采取控制措施，及时向所在地乡镇人民政府和县级人民政府农业农村等部门报告；收到报告的机关应当按照农产品质量安全突发事件应急预案及时处理并报本级人民政府、上级人民政府有关部门。发生重大农产品质量安全事故时，按照规定上报国务院及其有关部门。

任何单位和个人不得隐瞒、谎报、缓报农产品质量安全事故，不得隐匿、伪造、毁灭有关证据。

第六十条 县级以上地方人民政府市场监督管理部门依照本法和《中华人民共和国食品安全法》等法律、法规的规定，对农产品进入批发、零售市场或者生产加工企业后的生产经营活动进行监督检查。

第六十一条 县级以上人民政府农业农村、市场监督管理等部门发现农产品质量安全违法行为涉嫌犯罪的，应当及时将案件移送公安机关。对移送的案件，公安机关应当及时审查；认为有犯罪事实需要追究刑事责任的，应当立案侦查。

公安机关对依法不需要追究刑事责任但应当给予行政处罚的，应当及时将案件移送农业农村、市场监督管理等部门，有关部门应当依法处理。

公安机关商请农业农村、市场监督管理、生态环境等部门提供检验结论、认定意见以及对涉案农产品进行无害化处理等协助的，有关部门应当及时提供、予以协助。

第七章　法律责任

第六十二条 违反本法规定，地方各级人民政府有下列情形之一的，对直接负责的主管人员和其他直接责任人员给予警告、记过、记大过处分；造成严重后果的，给予降级或者撤职处分：

（一）未确定有关部门的农产品质量安全监督管理工作职责，未建立健全农产品质量安全工作机制，或者未落实农产品质量安全监督管理责任；

（二）未制定本行政区域的农产品质量安全突发事件应急预案，或者发生农产品质量安全事故后未按照规定启动应急预案。

第六十三条 违反本法规定，县级以上人民政府农业农村等部门有下列行为之一的，对直接负责的主管人员和其他直接责任人员给予记大过处分；情节较重的，给予降级或者撤职处分；情节严重的，给予开除处分；造成严重后果的，其主要负责人还应当引咎辞职：

（一）隐瞒、谎报、缓报农产品质量安全事故或者隐匿、伪造、毁灭有关证据；

（二）未按照规定查处农产品质量安全事故，或者接到农产品质量安全事故报告未及时处理，造成事故扩大或者蔓延；

（三）发现农产品质量安全重大风险隐患后，未及时采取相应措施，造成农产品质量安全事故或者不良社会影响；

（四）不履行农产品质量安全监督管理职责，导致发生农产品质量安全事故。

第六十四条　县级以上地方人民政府农业农村、市场监督管理等部门在履行农产品质量安全监督管理职责过程中，违法实施检查、强制等执法措施，给农产品生产经营者造成损失的，应当依法予以赔偿，对直接负责的主管人员和其他直接责任人员依法给予处分。

第六十五条　农产品质量安全检测机构、检测人员出具虚假检测报告的，由县级以上人民政府农业农村主管部门没收所收取的检测费用，检测费用不足一万元的，并处五万元以上十万元以下罚款，检测费用一万元以上的，并处检测费用五倍以上十倍以下罚款；对直接负责的主管人员和其他直接责任人员处一万元以上五万元以下罚款；使消费者的合法权益受到损害的，农产品质量安全检测机构应当与农产品生产经营者承担连带责任。

因农产品质量安全违法行为受到刑事处罚或者因出具虚假检测报告导致发生重大农产品质量安全事故的检测人员，终身不得从事农产品质量安全检测工作。农产品质量安全检测机构不得聘用上述人员。

农产品质量安全检测机构有前两款违法行为的，由授予其资质的主管部门或者机构吊销该农产品质量安全检测机构的资质证书。

第六十六条　违反本法规定，在特定农产品禁止生产区域种植、养殖、捕捞、采集特定农产品或者建立特定农产品生产基地的，由县级以上地方人民政府农业农村主管部门责令停止违法行为，没收农产品和违法所得，并处违法所得一倍以上三倍以下罚款。

违反法律、法规规定，向农产品产地排放或者倾倒废水、废气、固体废物或者其他有毒有害物质的，依照有关环境保护法律、法规的规定处理、处罚；造成损害的，依法承担赔偿责任。

第六十七条　农药、肥料、农用薄膜等农业投入品的生产者、经营者、使用者未按照规定回收并妥善处置包装物或者废弃物的，由县级以上地方人民政府农业农村主管部门依照有关法律、法规的规定处理、处罚。

第六十八条　违反本法规定，农产品生产企业有下列情形之一的，由县级以上地方人民政府农业农村主管部门责令限期改正；逾期不改正的，处五千元以上五万元以下罚款：

（一）未建立农产品质量安全管理制度；

（二）未配备相应的农产品质量安全管理技术人员，且未委托具有专业技术知识的人员进行农产品质量安全指导。

第六十九条　农产品生产企业、农民专业合作社、农业社会化服务组织未依照本法规定建立、保存农产品生产记录，或者伪造、变造农产品生产记录的，由县级以上地方人民政府农业农村主管部门责令限期改正；逾期不改正的，处二千元以上二万元以下罚款。

第七十条　违反本法规定，农产品生产经营者有下列行为之一，尚不构成犯罪的，由县级以上地方人民政府农业农村主管部门责令停止生产经营、追回已经销售的农产品，对违法生产经营的农产品进行无害化处理或者予以监督销毁，没收违法所得，并可以没收用于违法生产经营的工具、设备、原料等物品；违法生产经营的农产品货值金额不足一万元的，并处十万元以上十五万元以下罚款，货值金额一万元以上的，并处货值金额十五倍以上三十倍以下罚款；对农户，并处一千元以上一万元以下罚款；情节严重的，有许可证的吊销许可证，并可以由公安机关对其直接负责的主管人员和其他直接责任人员处五日以上十五日以下拘留：

（一）在农产品生产经营过程中使用国家禁止使用的农业投入品或者其他有毒有害物质；

（二）销售含有国家禁止使用的农药、兽药或者其他化合物的农产品；

（三）销售病死、毒死或者死因不明的动物及其产品。

明知农产品生产经营者从事前款规定的违法行为，仍为其提供生产经营场所或者其他条件的，由县级以上地方人民政府农业农村主管部门责令停止违法行为，没收违法所得，并处十万元以上二十万元以下罚款；使消费者的合法权益受到损害的，应当与农产品生产经营者承担连带责任。

第七十一条　违反本法规定，农产品生产经营者有下列行为之一，尚不构成犯罪的，由县级以上地方人民政府农业农村主管部门责令停止生产经营、追回已经销售的农产品，对违法生产经营的农产品进行无害化处理或者予以监督销毁，没收违法所得，并可以没收用于违法生产经营的工具、设备、原料等物品；违法生产经营的农产品货值金额不足一万元的，并处五万元以上十万元以下罚款，货值金额一万元以上的，并处货值金额十倍以上二十倍以下罚款；对农户，并处五百元以上五千元以下罚款：

（一）销售农药、兽药等化学物质残留或者含有的重金属等有毒有害物质不符合农产品质量安全标准的农产品；

（二）销售含有的致病性寄生虫、微生物或者生物毒素不符合农产品质量安全标准的农产品；

（三）销售其他不符合农产品质量安全标准的农产品。

第七十二条　违反本法规定，农产品生产经营者有下列行为之一的，由县级以上地方人民政府农业农村主管部门责令停止生产经营、追回已经销售的农产品，对违法生产经营的农产品进行无害化处理或者予以监督销毁，没收违法所得，并可以没收用于违法生产经营的工具、设备、原料等物品；违法生产经营的农产品货值金额不足一万元的，并处五千元以上五万元以下罚款，货值金额一万元以上的，并处货值金额五倍以上十倍以下罚款；对农户，并处三百元以上三千元以下罚款：

（一）在农产品生产场所以及生产活动中使用的设施、设备、消毒剂、洗涤剂等不符合国家有关质量安全规定；

（二）未按照国家有关强制性标准或者其他农产品质量安全规定使用保鲜剂、防腐剂、添加剂、包装材料等，或者使用的保鲜剂、防腐剂、添加剂、包装材料等不符合国家有关强制性标准或者其他质量安全规定；

（三）将农产品与有毒有害物质一同储存、运输。

第七十三条　违反本法规定，有下列行为之一的，由县级以上地方人民政府农业农村主管部门按照职责给予批评教育，责令限期改正；逾期不改正的，处一百元以上一千元以下罚款：

（一）农产品生产企业、农民专业合作社、从事农产品收购的单位或者个人未按照规定开具承诺达标合格证；

（二）从事农产品收购的单位或者个人未按照规定收取、保存承诺达标合格证或者其他合格证明。

第七十四条　农产品生产经营者冒用农产品质量标志，或者销售冒用农产品质量标志的农产品的，由县级以上地方人民政府农业农村主管部门按照职责责令改正，没收违法所得；违法生产经营的农产品货值金额不足五千元的，并处五千元以上五万元以下罚款，货值金额五千元以上的，并处货值金额十倍以上二十倍以下罚款。

第七十五条 违反本法关于农产品质量安全追溯规定的，由县级以上地方人民政府农业农村主管部门按照职责责令限期改正；逾期不改正的，可以处一万元以下罚款。

第七十六条 违反本法规定，拒绝、阻挠依法开展的农产品质量安全监督检查、事故调查处理、抽样检测和风险评估的，由有关主管部门按照职责责令停产停业，并处二千元以上五万元以下罚款；构成违反治安管理行为的，由公安机关依法给予治安管理处罚。

第七十七条 《中华人民共和国食品安全法》对食用农产品进入批发、零售市场或者生产加工企业后的违法行为和法律责任有规定的，由县级以上地方人民政府市场监督管理部门依照其规定进行处罚。

第七十八条 违反本法规定，构成犯罪的，依法追究刑事责任。

第七十九条 违反本法规定，给消费者造成人身、财产或者其他损害的，依法承担民事赔偿责任。生产经营者财产不足以同时承担民事赔偿责任和缴纳罚款、罚金时，先承担民事赔偿责任。

食用农产品生产经营者违反本法规定，污染环境、侵害众多消费者合法权益，损害社会公共利益的，人民检察院可以依照《中华人民共和国民事诉讼法》《中华人民共和国行政诉讼法》等法律的规定向人民法院提起诉讼。

第八章 附 则

第八十条 粮食收购、储存、运输环节的质量安全管理，依照有关粮食管理的法律、行政法规执行。

第八十一条 本法自 2023 年 1 月 1 日起施行。